NOUVELLE
ARITHMÉTIQUE

DES ÉCOLES PRIMAIRES

A LA MÊME LIBRAIRIE

OUVRAGES DU MÊME AUTEUR

ARITHMÉTIQUE AGRICOLE, à l'usage des écoles primaires 1 vol. in-12, cartonné. 1 25

NOUVELLE ARITHMÉTIQUE théorique et pratique, à l'usage de tous les établissements d'instruction publique. 1 v. in-12, cart.. . . . . 1 50

SOLUTIONS RAISONNÉES DES PROBLÈMES ET EXERCICES de la **NOUVELLE ARITHMÉTIQUE**, à l'usage de tous les établissements d'instruction publique. 1 vol. in-12, cartonné 1 50

LE LIVRE D'HISTOIRES, lectures courantes pour les enfants. 1 vol. in-12, avec figures, cartonné 1 50

DE LA MÊME COLLECTION :

CHIMIE AGRICOLE. Ouvrage autorisé par M. le ministre de l'instruction publique et recommandé par Mgr l'archevêque d'Avignon. Nouv. édit 1 vol. in-12, cart. . . 1 20

LA TERRE, ou Physique du globe. Nouvelle édition. 1 vol. in-12, avec figures intercalées dans le texte, cart. 2 »

LE CIEL, ou Notions élémentaires de Cosmographie. Nouvelle édition. 1 v. in-12, avec figures intercalées dans le texte, cartonné . . . . 2 »

PHYSIQUE. 1 vol. in-12, avec figures intercalées dans le texte, cart. . . . . 2 »

LES RAVAGEURS, récits de l'oncle Paul sur les insectes nuisibles à l'agriculture. 1 vol. in-12, avec figures, cart. 1 20

LES AUXILIAIRES, récits de l'oncle Paul sur les animaux utiles à l'agriculture, 1 vol. in-12, avec figures, cart. . . . » »

LES SERVITEURS, récits de l'oncle Paul sur les animaux domestiques. 1 vol. in-12, cartonné . . . . » »

NOUVELLE ARITHMÉTIQUE

DES ÉCOLES PRIMAIRES

PAR

J.-H. FABRE

DOCTEUR ÈS SCIENCES, LAURÉAT DE L'INSTITUT,
CORRESPONDANT DU MINISTÈRE DE L'INSTRUCTION PUBLIQUE,
CHEVALIER DE LA LÉGION D'HONNEUR.

PARIS
CH. DELAGRAVE ET Cie, LIBRAIRES-ÉDITEURS
58, RUE DES ÉCOLES, 58
BRUXELLES, 25, RUE DE LA MADELEINE

1872

901. — ABBEVILLE. — IMP. BRIEZ, C. PAILLART ET RETAUX.

NOUVELLE
ARITHMÉTIQUE
DES ÉCOLES PRIMAIRES

CHAPITRE PREMIER

Généralités

1. QUANTITÉ. Le mot de *quantité* vient de l'expression latine *quantùm*, signifiant *combien. On appelle quantité toute chose au sujet de laquelle on peut se demander : Combien ?*

Ainsi de la longueur d'un mur, on peut se demander : combien mesure-t-elle de mètres ? — de la distance d'une ville à l'autre : combien comprend-elle de lieues ? — de la capacité d'un bassin : combien contient-elle de litres? — du poids d'un bloc de pierre : combien vaut-il de kilogrammes ? — de la durée d'un an : combien embrasse-t-elle d'heures ? — de la valeur d'une somme d'argent : combien compte-t-elle de francs? etc., etc.

Longueur, distance, contenance, poids, durée, valeur, etc., après lesquelles peut se faire la demande *combien, (quantùm)* sont des *quantités.*

2. UNITÉ. Pour mesurer une quantité, on la compare à une autre quantité de même nature appelée *unité.*

La longueur d'un mur se compare à une autre longueur, le *mètre*; le poids d'un bloc de pierre se compare à un autre poids, le *kilogramme*; la valeur d'une somme d'argent se compare à une autre valeur, le *franc*; la contenance d'un vase se compare à une autre capacité, le *litre*, etc.

Le mètre est l'unité de longueur, le kilogramme est l'unité de poids, le franc est l'unité de valeur monétaire, le litre est l'unité de contenance.

3. NOMBRE. Le résultat de cette comparaison est le *nombre*. Le *nombre* indique combien de fois l'unité est contenue dans la quantité.

Quand on dit: la longueur d'un mur est de quatorze mètres, le mot *longueur* désigne la nature de la quantité considérée, le mot *mètre* exprime l'unité qui sert à mesurer cette quantité, et l'expression *quatorze* est le nombre.

4. NOMBRE CONCRET. Lorsque l'espèce d'unité est désignée, le nombre est dit *concret*.

Quatorze mètres, vingt francs, six lieues, cent litres, sont des nombres concrets.

5. NOMBRE ABSTRAIT. Mais il arrive souvent que l'espèce d'unité n'est pas désignée, ou même est impossible à désigner. Le nombre alors est dit *abstrait*.

Quatorze, dix, vingt, cent, tout court, sont des nombres abstraits.

6. ARITHMÉTIQUE. *L'arithmétique est la science des quantités évaluées en nombres.* Elle enseigne à grouper les nombres, à les composer et à les décomposer de manière à en déduire d'autres plus aptes à être saisis par les vues de l'esprit.

Questionnaire.

1. D'où vient le mot *quantité?* — Qu'appelle-t-on quantité ? — Donnez des exemples ? — 2. Qu'appelle-t-on unité ? — Quelle est l'unité de longueur, de poids, de contenance, de valeur monétaire ? — 3. Qu'est-ce que le nombre ? — Quand on dit : la capacité d'un vase est de douze litres, quelle est la quantité, quelle est l'unité, quel est le nombre ? — 4. Qu'est-ce qu'un nombre concret ? — Donnez des exemples ? — 5. Qu'est-ce qu'un nombre abstrait ? — Donnez des exemples ? — 6. Qu'est-ce que l'arithmétique ? — Qu'enseigne-t-elle ?

CHAPITRE II

Numération parlée

1. Objet de la numération. La suite des nombres est indéfinie, car, si grand que soit un nombre, on peut, en lui ajoutant l'unité simplement, en obtenir un autre plus grand encore. Les nombres n'ayant pas de fin, il est impossible, même en supposant la mémoire la plus heureuse, de les dénommer chacun d'un nom particulier et de les représenter chacun par un signe spécial. On est donc naturellement amené à l'emploi d'un artifice qui permette de nommer et de représenter tous les nombres par une combinaison convenable de quelques mots et de quelques signes. Cet artifice est l'objet de la numération.

La numération est l'art d'énoncer et d'écrire les nombres.

2. Numération parlée et numération écrite. Il y

a deux sortes de numération : la *numération parlée* et la *numération écrite.*

Pour représenter les nombres, la *numération parlée* emploie des mots ; la *numération écrite* emploie des signes appelés *chiffres.*

3. NUMÉRATION DÉCIMALE. L'homme, en ses débuts arithmétiques, a demandé à ses doigts, au nombre de dix, la base de ses calculs. On a d'abord compté sur les doigts, comme nous le faisons tous encore en nos jeunes années. Du nombre dix des doigts est venue la *numération décimale, basée sur la formation de groupes de dix en dix fois plus forts.*

Ces groupes ou ordres se nomment : *Unité,* — *Dizaine,* — *Centaine,* — *Mille,* — *Dizaine de mille,* — *Centaine de mille*, — *Million*, — *Dizaine de million,* — *Centaine de million,* — etc.

La dizaine vaut 10 fois l'unité, la centaine vaut 10 fois la dizaine, le mille vaut 10 fois la centaine, la dizaine de mille vaut 10 fois le mille, etc.

4. UNITÉS SIMPLES OU UNITÉS DU PREMIER ORDRE. Les neuf premiers nombres se nomment :

Un, deux, trois, quatre, cinq, six, sept, huit, neuf.

C'est ce qu'on appelle les *unités simples* ou *unités du premier ordre.* On veut entendre par cette expression qu'au delà de neuf, immédiatement vient un groupe, la dizaine ou dix, qui va servir d'*unité d'un ordre plus élevé*, ou *unité du second ordre.*

Et en effet, dans la supposition où l'on compterait sur les doigts, une fois les deux mains épuisées, il faudrait recommencer en notant d'abord *un* de telle façon que l'on voudrait. Cet *un* signifierait une fois l'ensemble des doigts, une fois la dizaine, une fois dix. La continuation du dénombrement sur les doigts amènerait de la même façon deux fois la dizaine, trois fois la dizaine, quatre fois la dizaine, cinq fois la dizaine, etc.; c'est-à-dire, deux fois, trois fois, etc., l'ensemble des doigts.

5. Dizaines ou unités du second ordre. On est ainsi conduit à compter par unités du second ordre ou dizaines, comme l'on compte par unités simples. Les expressions régulièrement formées devraient être : une dizaine, deux dizaines, trois dizaines, quatre dizaines, etc. Mais les habitudes du langage en ont décidé autrement, et l'on dit :

Vingt pour deux dizaines,
Trente pour trois dizaines,
Quarante pour quatre dizaines,
Cinquante pour cinq dizaines,
Soixante pour six dizaines,
Soixante-dix pour sept dizaines,
Quatre-vingts pour huit dizaines,
Quatre-vingt-dix pour neuf dizaines.

Si irrégulières que soient les expressions consacrées par l'usage, on reconnaît cependant dans beaucoup d'entre elles une allusion manifeste au nombre de dizaines correspondant. Dans trente se retrouve trois, dans quarante se retrouve quatre, dans cinquante se retrouve cinq, dans soixante s'entrevoit six. Les trois dernières expressions sont les plus éloignées des règles.

Pour compter d'une dizaine à la suivante, on fait suivre le nombre de dizaines du nombre d'unités simples qui complètent le dénombrement. Ainsi entre la seconde dizaine ou vingt et la troisième ou trente, on dit : vingt-un, vingt-deux, vingt-trois, vingt-quatre... vingt-neuf, trente. Ainsi entre quarante et cinquante, l'on dit : quarante-un, quarante-deux, quarante-trois... quarante-neuf.

Entre une dizaine et deux dizaines ou vingt, de nombreuses exceptions, motivées par l'usage, se trouvent mêlées à des expressions régulières. Ainsi on dit :

Onze pour dix-un,
Douze pour dix-deux,
Treize pour dix-trois,
Quatorze pour dix-quatre,
Quinze pour dix-cinq,
Seize pour dix-six,

Par delà viennent les mots réguliers dix-sept, dix-huit, dix-neuf.

Les mêmes irrégularités reparaissent après soixante-dix et quatre-vingt-dix. On dit par exemple : soixante-onze, soixante-douze, soixante-treize, soixante-quatorze, etc. ; quatre-vingt-onze, quatre-vingt-douze, etc. Ces irrégularités n'ont pas lieu quand on emploie les expressions septante et nonante. On dit septante-un, septante-deux, etc. ; nonante-trois, nonante-quatre, etc.

6. Centaines ou unités du troisième ordre, première classe. Les conventions précédentes conduisent jusqu'au nombre quatre-vingt-dix-neuf. Une unité de plus donne dix dizaines. De même que le groupe de dix unités simples, c'est-à-dire la dizaine, est considéré comme une unité du second ordre, de même aussi, par analogie, la collection de dix dizaines est à son tour considérée comme une unité du troisième ordre, appelée *centaine*.

On compte par centaines comme on compte les unités simples. On dit une centaine, deux centaines, trois centaines, etc., ou, plus rapidement, cent, deux cents, trois cents, quatre cents, etc.

Pour compléter le dénombrement, on ...

suite du nombre de centaines le nombre de dizaines et le nombre d'unités simples. Ainsi l'on dit : cinq cent quarante-deux, huit cent vingt-sept.

Les unités simples, les dizaines et les centaines forment ce qu'on appelle les *unités de la première classe.*

7. CLASSE DES MILLE. — Les règles précédentes conduisent jusqu'au nombre neuf cent quatre-vingt-dix-neuf, qui, augmenté d'une unité, donne une collection de dix centaines. Cette collection de dix centaines est considérée comme une unité du *quatrième ordre*, et prend le nom de *mille.*

On compte par unités de mille, par dizaines et par centaines de mille, absolument comme l'on compte par unités, dizaines et centaines d'unités simples.

Les unités de mille constituent le *quatrième ordre*; les dizaines de mille, le *cinquième ordre*, les centaines de mille, le *sixième ordre.*

Les unités, les dizaines et les centaines de mille forment la *seconde classe.*

8. CLASSE DES MILLIONS, DES BILLIONS, ETC. Avec ces conventions, on atteint le nombre neuf cent quatre-vingt-dix-neuf mille neuf cent quatre-vingt-dix-neuf. L'addition d'une unité fait de ce nombre une collection de dix centaines de mille, qui prend le nom de *million.*

On compte par unités, dizaines et centaines de millions, comme on compte par unités, dizaines et centaines d'unités simples.

Les unités de million constituent le *septième ordre*; les dizaines de million, le *huitième ordre*; les centaines de million, le *neuvième ordre.*

Les unités, les dizaines et les centaines de millions constituent les *unités de la troisième classe.*

Dix centaines de millions forment le *billion* ou *mil-*

liard. On compte par billions de la même manière que par millions. Les unités, les dizaines et les centaines de billions constituent les *unités de la quatrième classe.*

Par delà, toujours comptés par unités, dizaines et centaines, à la manière des mille, des millions, etc., viennent les trillions, les quatrillions, les quintillions, etc. Mais l'emploi de ces nombres énormes est excessivement rare.

9. ORDRES ET CLASSES. En résumé, deux conventions fondamentales servent aux dénombrements : 1° *une collection de dix unités d'un ordre quelconque forme une unité de l'ordre immédiatement supérieur ; 2° trois ordres consécutifs, à partir des unités simples, constituent une classe.*

Les différents ordres d'unités sont donc de dix en dix fois plus forts ; les différentes classes sont de mille en mille fois plus fortes. Chaque classe se dénombre par unités, dizaines et centaines.

Les ordres sont : unités simples ou premier ordre, dizaines ou second ordre, centaines ou troisième ordre, mille ou quatrième ordre, dizaines de mille ou cinquième ordre, centaines de mille ou sixième ordre, millions ou septième ordre, etc., etc.

La première classe comprend les centaines, les dizaines et les unités simples; la seconde classe comprend les centaines, les dizaines et les unités de mille ; la troisième classe comprend les centaines, les dizaines et les unités de millions, etc.

1re *classe*	1er ordre. . . .	Unités.
	2e ordre	Dizaines.
	3e ordre	Centaines.
2e *classe*. .	4e ordre	Unités de mille.
	5e ordre	Dizaines de mille.
	6e ordre	Centaines de mille.

3ᵉ *classe* . .	7ᵉ ordre	Unités de millions.
	8ᵉ ordre	Dizaines de millions.
	9ᵉ ordre	Centaines de millions.
	etc.	etc.

Questionnaire.

1. Combien y a-t-il de nombres? — Pourquoi ne leur donne-t-on pas à chacun un nom particulier ? — Qu'est-ce que la numération ? — 2. Combien y a-t-il d'espèces de numération ? — 3. Quel est le principe de notre numération ? — Pourquoi est-elle appelée numération décimale ? — Quelle est l'origine de ces groupes de dix en dix fois plus forts ? — 4 Qu'appelle-t-on unités de premier ordre ? — 5. Qu'est-ce que la dizaine ? — Comment compte-t-on par dizaines ? — Dites les noms usités pour le dénombrement des dizaines ? — Retrouve-t-on dans ces noms une allusion au nombre de dizaines ? — Comment compte-t-on d'une dizaine à l'autre ? — Entre une et deux dizaines, quels sont les termes réguliers et les termes irréguliers ? — Dans quels cas retrouve-t-on ces termes irréguliers ? — 6. Qu'est-ce qu'une centaine ? — Comment compte-t-on par centaines ? — Qu'appelle-t-on première classe ? — 7. Qu'est-ce qu'un mille ? — Comment compte-t-on par mille ? — De quoi se compose la seconde classe ? — 8. Que vaut un million ? — Comment compte-t-on par millions ? — Que comprend la troisième classe ? — Que vaut un billion ou milliard ? — Quelles sont les classes par delà celle des billions ? — 9. Quelles sont les deux conventions fondamentales de la numération décimale ? — Comment croissent les ordres ? — Comment croissent les classes ? — Dénommez la série des classes ? — Dénommez les trois ordres de chaque classe.

Exercices.

1. Dire le nom des divers groupes de dizaines, jusqu'à cent.

Que signifient vingt, quarante, quatre-vingts, quatre-vingt-dix, soixante, cinquante, soixante-dix, trente ?

Compter de dix à vingt et faire remarquer les expressions régulières et les expressions irrégulières.

Compter de soixante à quatre-vingts et faire remarquer les expressions régulières et les expressions irrégulières.
Compter de quatre-vingts à cent.

2. Compter de cent à cent vingt.
Compter de trois cent soixante à trois cent quatre-vingts.
Dire le nom des diverses classes.
Dire le nom des trois ordres de chaque classe.
Compter de deux mille à deux mille vingt.

3. Combien y a-t-il d'ordres dans trois cent quarante-deux ?
Combien y a-t-il d'ordres dans six mille huit cent cinquante-sept ?
Combien y a-t-il de classes dans ce dernier nombre ?
Combien y a-t-il de classes dans cent vingt-deux millions, deux cent trente mille, six cent douze unités ?
Dans le nombre ci-dessus énoncé, quels sont les mots qui représentent les classes ?

CHAPITRE III

Numération écrite

1. NUMÉRATION ÉCRITE, CHIFFRES ARABES. *Le but de la numération écrite est de représenter tel nombre que l'on veut avec un petit nombre de signes appelés chiffres.*

Les signes employés sont dits *chiffres arabes*, parce que l'invention en est attribuée aux Arabes. Les voici, avec leur valeur :

1	2	3	4	5	6	7	8	9
un	deux	trois	quatre	cinq	six	sept	huit	neuf

2. LE RANG OCCUPÉ PAR UN CHIFFRE DANS L'É-

CRITURE DÉTERMINE L'ORDRE DES UNITÉS QU'IL REPRÉSENTE. Tout chiffre doit exprimer deux choses : 1° le nombre d'unités ; 2° l'ordre de ces unités.

On est convenu de représenter *l'ordre des unités par le rang que le chiffre occupe dans l'écriture.* Les unités simples se placent au dernier rang à droite, les dizaines au second rang en remontant vers la gauche, les centaines au troisième rang, les mille au quatrième, les dizaines de mille au cinquième, et ainsi de suite, en remontant d'un rang vers la gauche pour chaque ordre immédiatement supérieur.

Il suit de là qu'un chiffre placé à la gauche d'un autre exprime des unités d'une valeur dix fois plus grande ; il exprime au contraire des unités d'une valeur dix fois moindre s'il est placé à droite.

Il suit de là encore que la première classe, formée des centaines, des dizaines et des unités simples, occupe les trois derniers rangs à droite ; que la seconde classe, formée des centaines, des dizaines et des unités de mille, occupe les trois rangs précédant immédiatement ceux de la première classe ; que la troisième classe, formée des centaines, des dizaines et des unités de million, occupe les trois rangs précédant immédiatement ceux des mille, etc.

3. VALEUR ABSOLUE ET VALEUR RELATIVE D'UN CHIFFRE. Chaque chiffre indique donc deux choses : par sa valeur propre, il indique le nombre d'unités de l'ordre auquel il correspond ; par le rang qu'il occupe dans l'écriture, il fait connaître à quel ordre d'unités il se rapporte. La valeur propre de chaque chiffre est sa *valeur absolue* ; la valeur que lui fait acquérir le rang occupé est sa *valeur relative.*

4. NOMBRES DE TROIS CHIFFRES. *Il suffit de savoir écrire un nombre de trois chiffres pour pouvoir*

écrire tel nombre que l'on voudra. Soit à écrire le nombre six cent quarante huit. Ce nombre comprend six centaines ou six unités du troisième ordre, quatre dizaines ou quatre unités du second ordre, enfin huit unités simples ou huit unités du premier ordre. En écrivant successivement de gauche à droite les chiffres correspondant au nombre d'unités de chaque ordre, on a 648.

D'après les conventions précédentes, cette manière d'écrire représente bien le nombre proposé. En effet, le chiffre 6 par sa valeur propre indique six unités, et par le rang qu'il occupe, le troisième à partir de la droite, il indique que l'unité à laquelle il se rapporte est la centaine. Il représente donc six cents. De même 4 par sa valeur propre représente quatre unités, et par le rang qu'il occupe, le second, il indique des dizaines. Ce chiffre représente donc quarante. Enfin 8, placé au dernier rang, représente huit unités simples.

5. NÉCESSITÉ ET EMPLOI DU ZÉRO. Très-fréquemment il arrive que le nombre ne contient pas d'unités de tel ou tel ordre. Pour combler les rangs vides et faire ainsi occuper à chaque chiffre la place qui lui convient, on emploie le signe 0 nommé *zéro. Ce signe n'a par lui-même aucune valeur, il sert uniquement à tenir la place des divers ordres absents.* Il y a de la sorte dix caractères pour la numération écrite. Neuf ont une valeur numérique et s'appellent *chiffres significatifs ;* le dixième n'a pas de valeur et s'appelle *zéro.*

Proposons-nous d'écrire cinq cent neuf. Il y a dans ce nombre cinq centaines et neuf unités, mais il n'y a pas de dizaines. Il faut donc mettre un zéro à la place des dizaines et écrire 509. Le zéro a pour effet de faire occuper au chiffre 5 le troisième rang afin qu'il représente des centaines.

Soit encore sept cents. Dans ce cas, nous avons sept centaines, mais pas de dizaines ni d'unités. Il faut alors à la suite du 7 écrire deux zéros, l'un pour les dizaines absentes, l'autre pour les unités absentes, ce qui nous donne 700. L'effet des deux zéros est de faire occuper au 7 le troisième rang afin qu'il représente des centaines.

6. ÉCRITURE D'UN NOMBRE QUELCONQUE. La première chose dont il faut se préoccuper, quand il s'agit d'écrire un nombre énoncé, c'est de *bien reconnaître les diverses classes dont ce nombre se compose.* Ces classes étant reconnues, on les écrit à la file l'une de l'autre, de gauche à droite, d'après leurs valeurs décroissantes. Toutes doivent avoir trois chiffres, chiffres significatifs ou zéros, excepté la plus élevée, qui peut n'en avoir que deux ou un seul.

Proposons-nous d'écrire le nombre trente *millions* huit cent quarante *mille* deux cent trois *unités*. Combien y a-t-il de classes ? Trois : celle des millions, celle des mille et celle des unités. La première classe s'écrit 30 ; la seconde, 840 ; la troisième, 203. En les plaçant à la file l'une de l'autre, on a : 30840203.

Soit encore trois millions vingt-huit. La classe des millions sera représentée par 3 ; la classe des mille, absente, par 000 ; la dernière classe, où les centaines manquent, par 028. Mis à la file, ces groupes de chiffres forment le nombre demandé : 3000028.

7. LECTURE D'UN NOMBRE QUELCONQUE. — Les nombres de trois chiffres au plus se lisent sans difficultés, ainsi :

27 se lit vingt-sept.
48 — quarante-huit.
241 — deux cent quarante-un.

409 se lit quatre cent neuf.
842 — huit cent quarante-deux.
900 — neuf cents.

Dans 842 en particulier, 8 par le rang qu'il occupe, le troisième, désigne 8 centaines et se lit huit cent; 4, à cause de son rang, le deuxième, indique des dizaines et se lit *quarante*; enfin 2, placé au premier rang, exprime des unités et se lit *deux unités* ou simplement *deux*.

Remarquons encore que les nombres 007 et 034 se lisent sept et trente-quatre, comme s'il n'y avait pas de zéros. Les zéros en effet ne changent pas la valeur des chiffres significatifs quand ils sont à leur gauche. Le 7, par exemple, est à la place des unités et vaut sept tout simplement malgré les deux zéros qui le précèdent. Il n'en serait pas de même si les deux zéros étaient après, car alors le chiffre significatif occuperait le troisième rang vers la gauche et représenterait ainsi des centaines. Jamais on n'écrit isolément 007 pour désigner sept unités, mais cette manière d'écrire se trouve dans le corps des nombres, puisqu'il faut mettre des zéros à la place des ordres absents.

Pour lire un nombre écrit en chiffres, on le partage en tranches de trois chiffres en allant de droite. La dernière tranche à gauche peut n'avoir que deux chiffres ou un seul. On énonce chaque tranche à partir de la gauche comme si elle était seule et l'on fait suivre ... le nom de la classe à laquelle la tranche appartient.

Proposons-nous de lire le nombre 25027408.

Nous le partageons en tranches de trois chiffres à partir de la droite, par des traits ainsi ... ou mieux mentalement.

25 | 027 | 408

La dernière tranche à gauche ou celle de la classe la plus élevée peut, suivant le nombre, comprendre trois chiffres, ou bien n'en comprendre que deux ou un seul. Chacune des suivantes en comprend trois. Dans l'exemple proposé, il y a trois tranches. La première à gauche est celle des *millions*, la seconde est celle des *mille*, la troisième est celle des *unités*. Lisons chaque tranche à partir de la gauche comme on le ferait d'un nombre isolé, et à la suite de chaque lecture partielle énonçons le nom de la classe correspondante. Nous dirons de la sorte :

Vingt-cinq *millions* vingt-sept *mille* quatre cent huit *unités*.

Questionnaire.

1. Quel est le but de la numération écrite ? — Pourquoi les caractères numériques sont-ils appelés chiffres arabes ? — 2. Quelles sont les deux choses que tout chiffre exprime ? — Comment un chiffre représente-t-il l'ordre des unités auquel il appartient ? — Quelle est la place des unités simples, des dizaines, des centaines, des mille, etc. ? — Dans un nombre écrit en chiffres, où se trouve la classe des unités, celle des mille, celle des millions, etc. ? — 3. Qu'est-ce que la valeur absolue d'un chiffre ? — Qu'est-ce que sa valeur relative ? — 4. Que suffit-il de savoir pour être en mesure d'écrire et de lire un nombre quelconque ? — Comment 427 représente-t-il bien quatre cent vingt-sept ? — 5. Quelle est la nécessité du zéro ? — Qu'appelle-t-on chiffres significatifs ? — Quel est le rôle du zéro dans 509 ? — 6. Pour écrire un nombre quelconque, que faut-il d'abord reconnaître ? — Les classes étant reconnues, comment écrit-on un nombre quelconque ? — 7. Comment lit-on un nombre de trois chiffres au plus ? — Comment lit-on un nombre de plus de trois chiffres ? — 8. Combien de chiffres peut avoir la dernière tranche à gauche ?

Exercices sur la numération.

Exprimer en chiffres les nombres suivants :

4. Vingt-sept.
Dix-huit.
Douze.
Quarante-trois.
Cinquante.

5. Quatre-vingt-dix-sept.
Soixante-quinze.
Quatre-vingt-quatre.
Soixante-dix-huit.
Soixante-dix.

6. Cent quatre.
Six cent vingt.
Huit cent trente-deux.
Neuf cent soixante.
Sept cent soixante-dix-huit.

7. Deux mille cinq.
Trois mille vingt-cinq.
Cinq mille quatre cents.
Six mille cinq cent douze.
Dix mille six cent quarante-deux.

8. Cinquante mille huit cent seize.
Deux cent vingt-trois mille six cent quarante-cinq.
Douze mille neuf cent quatre.
Quatorze mille quarante-sept.
Cent vingt mille cent.

9. Un million cent mille quarante-huit.
Vingt-trois millions trois mille vingt.
Six billions neuf mille quatre.
Vingt-trois billions six millions cent vingt mille.
Dix billions vingt-six.

Lire, puis écrire en lettres les nombres suivants :

10.	11.	12.	13.
17	564	1248	140615
23	325	6407	125007
14	406	8008	40142
35	690	6067	604200
60	700	9840	367902

14.	15.
1204608	2408627900
26400900	246124009
524040	15004800
7025972	12000800100
80851	614070504008

CHAPITRE IV

Addition

1. Les quatre règles. Les opérations élémentaires de l'arithmétique sont au nombre de quatre : l'*addition*, la *soustraction*, la *multiplication* et la *division*. C'est ce qu'on appelle *les quatre règles*. L'addition ajoute, réunit en un tout ; la soustraction retranche, cherche la différence ; la multiplication répète ; la division partage.

2. Définition de l'addition. *L'addition a pour but de réunir plusieurs nombres de la même espèce en un seul ayant même valeur que l'ensemble des autres. Le résultat s'appelle somme ou total.*

Les nombres à réunir en somme ou total doivent évidemment être de la même espèce, c'est-à-dire se rapporter à la même unité. Il est très-naturel de grouper en un tout des mètres avec des mètres, des moutons avec des moutons, des francs avec des francs, etc. ; mais il serait ridicule de se demander combien font ensemble trois moutons et cinq mètres. Ces quantités de nature différente ne peuvent s'associer en un tout commun.

3. Règle de l'addition. *Pour additionner plusieurs nombres, on les écrit les uns au dessous des autres de manière que les unités de même ordre soient sur la même colonne verticale. On trace un trait horizontal sous ces nombres pour les séparer du total, puis on fait, de proche en proche, d'abord*

l'addition des unités, ensuite des dizaines, ensuite des centaines, etc. Si la somme d'une colonne est exprimée par un seul chiffre, on l'écrit telle quelle sous cette colonne; si elle est exprimée par deux chiffres, on écrit le dernier seulement, et l'autre, exprimant des unités de l'ordre immédiatement supérieur, est reporté à la colonne suivante.

1. EXEMPLES. Proposons-nous de faire la somme des nombres 1452, 603, 28, 2716. On écrit les nombres les uns au dessous des autres, de manière que les unités soient sur une même colonne, les dizaines pareillement, ainsi que les centaines, les mille, etc.

$$\begin{array}{r} 1452 \\ 603 \\ 28 \\ 2716 \\ \hline 4799 \end{array}$$

Commençant par les unités, on dit : 2 et 3 font 5, et 8 font 13, et 6 font 19. En 19, il y a 9 unités, que l'on écrit sous la colonne des unités, et une dizaine, que l'on retient pour l'ajouter avec les dizaines. Passant à la colonne des dizaines, l'on dit : 1 de retenue et 5 font 6, et 2 font 8, et 1 font 9. On écrit les 9 dizaines sous la colonne des dizaines, mais sans retenue, parce que le résultat, formé d'un seul chiffre, ne contient pas de centaine. A la colonne des centaines, l'on dit : 4 et 6 font 10, et 7 font 17. Ces 17 centaines contiennent 1 mille que l'on retient pour le porter à la colonne des mille, et 7 centaines que l'on écrit sous la colonne des centaines. Enfin pour la colonne des mille, on dit : 1 de retenue et 1 font 2, et 2 font 4. On écrit 4 sous la colonne des mille. La somme est 4799.

Soit encore l'addition suivante :

$$\begin{array}{r} 9613 \\ 749 \\ 8968 \\ 79 \\ \hline 19409 \end{array}$$

3 et 9 font 12, et 8 font 20, et 9 font 29. En 29, il y a 9 unités, que l'on écrit, et 2 dizaines, que l'on retient pour les porter à la colonne des dizaines. 2 de retenue et 1 font 3, et 4 font 7, et 6 font 13, et 7 font 20. Ces 20 dizaines font 2 centaines, que l'on retient pour la colonne suivante. Ces deux centaines retenues, il ne reste plus rien. On écrit donc 0 à la colonne des dizaines. 2 de retenue et 6 font 8, et 7 font 15, et 9 font 24. On écrit les 4 centaines, et l'on retient les 2 mille. 2 de retenue et 9 font 11, et 8 font 19. En 19 mille il y a 9 mille que l'on écrit à la colonne des mille, et 1 dizaine de mille que l'on écrit à son rang en avant des mille. La somme est de 19409.

Dans la pratique, toute explication étant laissée de côté, on opère comme il suit :

3 et 9 font 12, et 8 font 20, et 9 font 29. Je pose 9 et je retiens 2. 2 et 1 font 3, et 4 font 7, et 6 font 13, et 7 font 20. Je pose 0 et je retiens 2. 2 et 6 font 8, et 7 font 15, et 9 font 24. Je pose 4 et je retiens 2. 2 et 9 font 11, et 8 font 19.

Dans les fortes additions, il peut se faire que la somme d'une colonne soit exprimée par un nombre de plus de deux chiffres. Supposons que cette somme soit 247. Alors on écrit 7 sous la colonne correspondante, et l'on retient 24 pour l'ajouter à la colonne suivante.

5. Preuve de l'addition. Pour vérifier le résultat d'une opération, pour s'assurer s'il est exact, on fait une

seconde opération qu'on appelle *preuve*. La preuve ne peut nous rendre absolument certains de l'exactitude du résultat. On conçoit, en effet, que la nouvelle opération faite pour vérifier la première puisse être affectée d'erreurs qui, en se compensant, amènent un accord apparent. Si la preuve et l'opération première s'accordent, il est donc très-probable, mais non absolument certain, que le résultat est exact.

Pour faire la preuve de l'addition, on recommence en additionnant les colonnes de bas en haut. Ainsi, dans l'exemple qui précède, l'on dit : 9 et 8 font 17, et 9, font 26 et 3 font 29. Je pose 9 et je retiens 2. 2 et 7 font 9, et 6 font 15, et 4 font 19, et 1 font 20. Je pose 0 et je retiens 2, etc., etc. Le résultat obtenu de la sorte doit évidemment être égal au résultat obtenu la première fois.

Si l'addition est longue, on la partage en plusieurs additions. Le total des sommes partielles doit être égal au total de l'ensemble.

6. Preuve par 9 de l'addition. L'addition est une opération pénible quand elle est longue. La preuve, qui n'est que cette même opération faite dans un autre ordre, est tout aussi pénible. La preuve par 9 est bien plus rapide.

Considérons le nombre 24159. Dans ce nombre négligeons le chiffre 9, et les chiffres dont les valeurs absolues ajoutées entre elles donnent 9. Tels sont 4 et 5. Ce triage fait, additionnons les autres chiffres considérés comme des unités simples. Nous aurons 2 et 1 font 3.

On arrive à ce résultat 3 sans triage préalable des 9 et des chiffres qui entre eux font 9. Additionnons en effet tous les chiffres considérés comme des unités simples. Nous aurons : 2 et 4 font 6, et 1 font 7, et 5 font 12, et 9 font 21. Le résultat composé de plusieurs chiffres est traité de la même manière, c'est-à-dire que ses chiffres sont additionnés comme des unités simples. Cela donne 2 plus 1 ou 3, résultat égal au premier.

Le triage préalable des 9 et des chiffres qui entre eux font 9 abrége mais sans modifier le résultat. Si donc ce triage est incomplet ou même nul, il n'y a pas lieu de s'en préoccuper : le résultat est le même.

Le résultat auquel on arrive en traitant un nombre de cette manière est le reste que l'on obtiendrait en retranchant 9 de ce nombre autant de fois qu'il y est contenu. Pour nous en convaincre, considérons le nombre 25. Le nombre 9 y est contenu deux fois pour 18. Si de 25 on retranche 18, il reste 7. Or 7 est précisément la somme des chiffres du nombre : 2 et 5 font 7. Nous appellerons donc le résultat de ce traitement *reste par* 9.

Si l'addition des chiffres conduisait à 9, on négligerait ce chiffre comme toujours, et le reste serait 0.

Soit maintenant à faire la preuve de l'addition suivante :

9̇613	1
405	0
89̇68	4
7̇26	6
197̇12	2

En négligeant, pour abréger, les 9 et les chiffres qui font 9 entre eux, en négligeant enfin les chiffres marqués d'un point, on a pour le premier nombre 1, que l'on écrit en face. Pour le second nombre, on a 0. Pour le troisième, on dit : 8 et 6 font 14 et 8 font 22. Le résultat ayant plus d'un chiffre, est traité de la même manière : 2 et 2 font 4. Enfin le quatrième donne 6.

Ces restes sont additionnés entre eux : 1 et 4 font 5, et 6 font 11. Le résultat composé de deux chiffres est soumis à une seconde addition : 1 et 1 font 2, que l'on écrit sous la colonne des restes.

Si l'addition est bien faite, la somme 19712 doit donner ce même résultat 2. Et en effet, en négligeant, pour abréger, le 9 et les chiffres qui entre eux font 9, on a : 1 et 1 font 2.

Questionnaire.

1. Quelles sont les quatre opérations élémentaires de l'arithmétique ? — 2. Qu'est-ce que l'addition ? — Pourquoi faut-il que les nombres à additionner soient de même espèce ? — 3. Énoncez la règle de l'addition. — 4. Si la somme d'une colonne est 48 que fait-on ? — Que fait-on si la somme d'une colonne est 267 ? — 5. Qu'appelle-t-on preuve d'une opération ? — S'il y a concordance entre la preuve et l'opération, est-il certain que cette dernière est exacte ? — Comment se fait la preuve de l'addition par une autre addition ? — 6. Qu'est-ce que le reste par 9 d'un nombre ? — Comment obtient-on ce reste par 9 ? — Comment se fait la preuve par 9 de l'addition ?

Exercices sur l'addition.

(Le signe de l'addition est +, qui se lit plus.)

Faire les additions suivantes :

16. 1243 + 511 + 28.
17. 501 + 46 + 12.
18. 1406 + 5212 + 124.
19. 6708 + 12041 + 204 + 27.
20. 14614 + 6028 + 4512 + 6150.
21. 204 + 57 + 48615 + 2667 + 18 + 514.
22. 2497 + 684 + 4519 + 712.
23. 762 + 819 + 6473 + 3512.
24. 724 + 658 + 141620 + 762614.
25. 9452 + 408 + 25600 + 748 + 87.

26. 624 + 540 + 176678 + 64267.
27. 1246 + 27698 + 94987 + 78219.

Appliquer à ces opérations la preuve par l'addition de bas en haut, puis la preuve par 9.

Problèmes sur l'addition.

28. Dans une famille, le père gagne 150 francs par mois, le fils aîné 95f et le plus jeune 60f. Que gagnent-ils par mois entre tous les trois?

29. Pour une toiture, on achète 2560 ardoises et l'on doit en outre faire servir 625 ardoises vieilles. Combien d'ardoises aura-t-on pour la toiture?

30. Un pommier a fourni cette année 268 kilogrammes de pommes. L'année dernière la récolte était meilleure et dépassait de 160kg la récolte présente. Quel était le poids des pommes l'an dernier?

31. Le compte du tailleur comprend 85 francs pour une redingote, 28f pour un pantalon, 16f pour un gilet. Que doit-on à son tailleur?

32. Il s'est consommé dans une famille 35 kilogrammes de pain la première semaine du mois, 39 la seconde, 41 la troisième, 47 la quatrième, et 15 pour les deux jours restants. Quelle est la quantité de pain consommée dans ce mois?

33. On verse à la caisse d'épargne 65 francs en janvier, 42f en février, 57f en mars, 63f en avril, 35f en mai. Quel est alors le total déposé?

34. Une personne dépense en voyage 67 francs de Marseille à Lyon, 49f de Lyon à Mâcon, 58f de Mâcon à Paris. Quelle est la dépense pour tout le voyage?

35. Pour la réparation d'une maison on a dépensé en maçonnerie 417f, en menuiserie 261f, en peinture et ornementation 190f. Combien a-t-on dépensé en tout?

36. Un arbre planté en 1811 a 57 ans lorsqu'on l'arrache. En quelle année est-il arraché?

37. Une marchandise pèse 145 kilogrammes, son emballage en pèse 37. Que pèse le tout?

38. On a lu d'un livre 185 pages, et il en reste encore 167 à lire. Combien le livre contient-il de pages?

39. On a dans sa cave trois pièces de vin dont l'une contient 350 litres, l'autre 460l, et la troisième 585l. Quelle est la quantité de vin en cave?

40. On met au roulage quatre ballots pesant le premier 147 kilogrammes, le second 263, le troisième 351, le quatrième 189. Dire le poids de l'ensemble des ballots.

41. Une pièce d'étoffe coûte au fabricant 567 francs et lui fait gagner 59^{f} à la vente. A quel prix est-elle vendue?

42. Trois vaches ont donné dans une année, la première 1735 litres de lait, la seconde 1668, la troisième 1825. Combien de lait ont fourni les trois vaches ensemble?

43. On a dépensé à la foire pour divers achats 253 francs, et il reste encore dans la bourse 182^{f}. Quelle somme avait-on apportée.

44. Un ouvrage se compose de 4 volumes, qui ont respectivement 340 pages, 268, 384 et 252. Quel est le nombre de pages de l'ouvrage entier?

45. Un canal d'arrosage parcourt trois communes limitrophes. Sa longueur dans la première commune est de 23650 mètres, de 35760 dans la seconde, de 17980 dans la troisième. Calculer la longueur du canal pour l'ensemble des trois communes.

46. Un pépiniériste a fourni pour la plantation d'une campagne 185 pieds de cyprès, 98 de platane, 204 de peuplier, 59 d'acacia. Quel est le nombre total des plants fournis?

47. Un employé reçoit 625 francs pour son traitement des cinq premiers mois de l'année. Il lui reste encore à toucher 875^{f} d'ici à la fin de l'année. Que gagne-t-il par an?

48. Outre son traitement, cet employé a une maison qui lui rapporte 350 francs, et une terre qui lui rapporte 280^{f} par an. De quelle somme peut-il disposer chaque année?

49. On a fait carreler deux appartements dont l'un a nécessité 648 carreaux de brique et l'autre 185 de plus. Trouver le total des carreaux employés.

50. Paul a dans sa bourse 21 francs de plus que Louis, qui dans la sienne a 19^{f}. Combien ont-ils entre tous les deux.

51. On reçoit trois caisses d'oranges. Il y a dans la première 315 oranges, dans la seconde il y en a 82 de plus que dans la première, et dans la troisième 74 de plus que dans la seconde. Quel est le nombre d'oranges reçues?

52. Un épicier reçoit 520 kilogrammes de sucre, 312^{kg} de savon, 84 caisses de figues. Il a déjà en magasin 147^{kg} de sucre, 189^{kg} de savon et 17 caisses de figues. Quelles sont maintenant ses provisions pour ces trois denrées?

53. Le mont Blanc, la plus haute montagne de l'Europe, a 4810 mètres d'élévation. La plus haute montagne du Globe, le Gaurisankar, se trouve vers le centre de l'Asie. Son élévation dépasse de 4030 mètres celle du mont Blanc. Quelle est la hauteur de la plus haute montagne du monde ?

54. La plus grande profondeur observée dans les mers paraît être de 15000 mètres. Aurait-on une altitude équivalente en supposant le mont Blanc sur le Gaurisankar ?

55. Une ville compte 35640 habitants. Une autre a 6700 habitants de plus. Enfin la population d'une troisième dépasse de 627 celles des deux premières réunies. Quel est l'ensemble de la population pour les trois villes ?

56. La Champagne comprend 4 départements, savoir : les Ardennes, population 327000 habitants ; la Marne, 391000 hab. ; l'Aube, 260000 hab. ; la Haute-Marne, 259000 hab. Quelle est la population de la Champagne ?

57. Les cinq grands cours d'eau de la France sont : le Rhin, qui a 300 lieues de longueur depuis sa source jusqu'à son embouchure ; le Rhône, longueur 200 lieues ; la Loire, longueur 250 lieues ; la Seine, longueur 175 lieues ; la Garonne, longueur 150 lieues. Quelle est la totalité du parcours pour les cinq fleuves ?

58. Une locomotive prête à marcher pèse 27000 kilogrammes. Le tender, ou voiture où se trouvent les provisions en eau et en combustible de la machine, porte 7000^{kg} d'eau, 1500^{kg} de charbon, et il pèse lui-même 10200^{kg}. A combien s'élève le poids total de la machine et de son tender ?

59. La Provence se compose du département des Bouches-du-Rhône qui comprend 27 cantons, 107 communes et compte 548000 habitants ; du département du Var, qui comprend 27 cantons, 144 communes et compte 309000 habitants ; du département des Basses-Alpes, qui comprend 30 cantons, 251 communes et compte 143000 habitants. Combien y a-t-il de cantons, combien de communes, combien d'habitants pour la Provence entière ?

CHAPITRE V

Soustraction

1. DÉFINITION DE LA SOUSTRACTION. *La soustraction a pour but de retrancher un nombre [illegible] d'un autre nombre de même espèce [illegible] résultat s'appelle reste ou différence.*

Comme pour l'addition, les deux nombres [illegible] ment doivent être de la même espèce : car [illegible] ce qui reste lorsque de 25 francs on retranche [illegible] ne peut avoir aucun sens. D'un nombre de [illegible] ne peut retrancher qu'un nombre de [illegible] nombre d'heures, on ne peut retrancher qu'un [illegible] d'heures.

2. MARCHE DE L'OPÉRATION DANS LE CAS [illegible] SIMPLE. *Pour retrancher un nombre [illegible] on écrit le plus petit sous le plus grand, [illegible] que les unités de même ordre se correspon[illegible] mençant alors par les unités simples, on [illegible] successivement chaque chiffre inférieur [illegible] correspondant supérieur, et l'on écrit [illegible] la colonne qui l'a fourni. Si pour une colonne [illegible] reste rien, on écrit 0 sous cette colonne.*

Proposons-nous de retrancher 1765 de [illegible] écrit les deux nombres comme il suit :

$$\begin{array}{r} 4978 \\ 1765 \\ \hline 3213 \end{array}$$

et l'on dit en commençant par la droite : 5 ôtés de 8, il reste 3, que l'on écrit à la colonne des unités. Passant aux ordres supérieurs, on fait de même : 6 ôtés de 7, il reste 1 ; 7 ôtés de 9, il reste 2 ; et enfin 1 ôté de 4, il reste 3. Le nombre 3213 est la différence entre les deux nombres proposés.

3. Marche de l'opération dans le cas général. *Si le chiffre inférieur surpasse le chiffre correspondant supérieur, on ajoute 10 à ce dernier et l'on opère la soustraction sur le total. Mais alors, à la soustraction partielle suivante, on augmente d'une unité le chiffre du nombre inférieur.*

Du nombre 6483, nous voulons retrancher 4726.

$$\begin{array}{r} 6483 \\ 4726 \\ \hline 1757 \end{array}$$

Ne pouvant retrancher le chiffre inférieur 6 du chiffre supérieur 3, on ajoute 10 à celui-ci, ce qui fait 13, et l'on dit : 6 ôtés de 13, il reste 7, que l'on écrit à la colonne des unités.

Mais alors on augmente de 1 le chiffre suivant 2 du nombre inférieur, ce qui fait 3, et l'on dit : 3 ôtés de 8, il reste 5.

A la troisième colonne, 7 ne peut se retrancher de 4. On augmente donc celui-ci de 10 et l'on dit : 7 ôtés de 14, il reste 7.

On augmente de 1 le chiffre suivant 4 du nombre inférieur et l'on dit : 5 ôtés de 6, il reste 1.

Dans la pratique, on dit : 6 ôtés de 13, reste 7. Je pose 7 et je retiens 1. (Cet 1 de retenue, c'est l'unité dont il faut augmenter le chiffre suivant du nombre inférieur, toutes les fois qu'on a augmenté de 10 le chiffre précédent du nombre supérieur.) 1 de retenue et 2 font 3; 3 ôtés de 8, reste 5. 7 ôtés de 14, reste 7, et je retiens 1, 1 de retenue et 4 font 5; 5 ôtés de 6, reste 1.

4. EXPLICATION DE LA MARCHE SUIVIE. La méthode que l'on vient de suivre pour opérer la soustraction est fondée sur le principe suivant :

La différence entre deux quantités ne change pas lorsqu'elles augmentent l'une et l'autre de la même quantité.

N'est-il pas vrai, par exemple, que si deux cordes diffèrent d'un mètre en longueur, elles différeront encore d'un mètre après qu'on leur aura ajouté, à l'une ainsi qu'à l'autre, un bout de corde de même longueur? N'est-il pas vrai que, si deux personnes diffèrent de quatre travers de doigt pour la taille, elles différeront encore de quatre travers de doigt après avoir également grandi? C'est ce qu'exprime d'une manière générale la précédente proposition, que nous allons appliquer à la soustraction.

Dans l'exemple proposé, 6 ne peut se retrancher de 3. Alors on augmente le chiffre de 3 de 10 unités, ce qui fait 13, et l'on dit : 6 ôtés de 13, reste 7, que l'on écrit à la colonne des unités. — Le nombre supérieur a été ainsi augmenté de 10 unités. Afin que la différence entre les deux nombres proposés ne soit pas changée, il faut donc augmenter aussi le second nombre de dix unités, ou, ce qui revient au même, de 1 dizaine. Ajoutée aux 2 dizaines qu'il y a déjà au nombre inférieur, cette dizaine, qui contrebalance les 10 unités ajoutées au premier nombre, donne 3 dizaines. On dit donc, 3 ôtés de 8, reste 5, que l'on écrit à la colonne des dizaines.

Le même cas se présente pour les centaines : 7 ne

peut se retrancher de 4. On augmente donc le nombre supérieur de 10 centaines, ce qui fait 14 centaines avec les 4 qu'il y a déjà, et l'on dit : 7 ôtés de 14, reste 7. — Pour contrebalancer les 10 centaines ajoutées au premier nombre, on ajoute aussi 10 centaines au second, autrement dit un mille. Ce mille et les 4 qu'il y a déjà font 5, qui, ôtés de 6, donnent 1 pour reste.

5. PREUVE DE LA SOUSTRACTION. Le reste d'une soustraction indique de combien le plus grand nombre surpasse le plus petit. Par conséquent, *la somme du reste et du plus petit nombre doit être égale au plus grand.*

Pour faire la preuve de la soustraction, on additionne le reste avec le petit nombre. Si le total est égal au plus grand nombre, l'opération est bonne.

```
 17268
  8439
 -----
  8829  Reste.
 -----
 17268  Preuve. Somme du reste et
                du plus petit nombre.
```

6. PREUVE PAR 9. *Le reste par 9 du petit nombre additionné avec le reste par 9 de la différence doit donner le reste par 9 du plus grand nombre.*

```
 17268   6
  8439   6
 ---------
  8829   0
        --
         6
```

Le petit nombre fournit : 8 et 4 font 12, et 3 font 15. Ce dernier nombre fournit 1 et 5 font 6, que l'on place en face du petit nombre. La différence donne : 8

et 8 font 16 et 2 font 18. 18 donne : 1 et 8 font 9 que l'on néglige. On écrit donc 0 en face du reste. La somme des deux résultats, 6 et 0, est 6. Le grand nombre, si l'opération est bonne, doit donner le même chiffre. En effet, en négligeant les chiffres qui entre eux font 9, on trouve 6.

Questionnaire.

1. Quel est le but de la soustraction? — Comment se nomme le résultat? — 2. Comment se fait la soustraction? — 3. Que faut-il faire lorsque le chiffre inférieur ne peut se retrancher du chiffre correspondant supérieur? — 4. Que devient la différence entre deux quantités lorsque ces deux quantités augmentent également? — Expliquez l'application de ce principe à la soustraction? — 5. Comment se fait la preuve de la soustraction par une addition? — Comment se fait la preuve par 9?

Exercices sur la soustraction.

(*Le signe de la soustraction est* —, *qui se prononce* moins.)

Faire les soustractions suivantes :

60.	4876 — 2623.	63.	4521 — 3964.
	2947 — 1827.		5464 — 4314.
	5684 — 3278.		6007 — 4827.
	6976 — 5164.		8000 — 5841.
61.	12679 — 10524.	64.	45072 — 36817.
	54684 — 43261.		16912 — 14864.
	87946 — 15632.		7010 — 6504.
	69527 — 54204.		8004 — 7807.
62.	507 — 491.	65.	13001 — 11980.
	624 — 567.		20402 — 19207.
	821 — 740.		50040 — 41008.
	763 — 258.		60007 — 58040.

(Appliquer à ces opérations la preuve par l'addition et la preuve par 9.)

Problèmes sur la soustraction.

66. Que faut-il retrancher de 742 pour obtenir 273 ?

67. Que faut-il ajouter à 127 pour obtenir 314 ?

68. Deux nombres font ensemble 548. L'un d'eux est 257. Quel est l'autre ?

69. De combien 649 dépasse-t-il 267 ?

70. L'Amérique a été découverte par Christophe Colomb en 1492. Depuis combien d'années cette partie du monde est-elle connue ?

71. Pour soutenir un fil télégraphique, on a planté le long de la voie 534 poteaux sur 867 que nécessite la ligne entière. Combien de poteaux faut-il encore planter ?

72. Sur les 365 jours de l'année, on compte 52 dimanches. A quel nombre s'élève l'ensemble des autres jours ?

73. Semées le 9 avril, des graines ont levé le 27 du même mois. Combien a duré la germination ?

74. On s'attendait à recevoir de divers débiteurs un total de 276 francs, on n'a reçu que 143f. De combien est-on au-dessous de ses prévisions ?

75. En trois mois, un bœuf mis à l'engrais parvient du poids de 413 kilogrammes au poids de 474kg. Combien gagne-t-il en poids ?

76. La lune est pleine tous les 29 jours à peu près. Il s'est écoulé 17 jours depuis la dernière pleine lune. Combien faut-il encore attendre pour que la pleine lune revienne ?

77. Une diligence fait environ 50 lieues en vingt-quatre heures. Un train express des chemins de fer fait dans le même temps 288 lieues. De combien, en partant à la fois du même point et dans la même direction, un train express dépasserait-il une diligence en vingt-quatre heures ?

78. Une personne est née en 1823. Quel âge a-t-elle en 1868 ?

79. D'une pièce de 620 litres de vin, on a déjà vendu au détail 412l. Combien de litres y a-t-il encore à vendre?

80. Une maison achetée 24500 francs est revendue 28700. Que gagne-t-on sur la vente?

81. On compte 55 lieues de Paris au Havre par la voie de terre, et 109 lieues par le cours de la Seine. De combien la voie par terre est-elle plus courte que la voie par eau ?

82. Les économies d'un ouvrier s'élèvent à 458 francs. Combien lui faut-il économiser encore pour avoir 940f ?

83. Si j'obtiens d'un marchand un rabais de 65 francs sur un achat de 672 f, quelle somme dois-je lui payer ?

84. Du blé avarié, qui valait, avant, 265 francs, ne peut se vendre que 182 f. Quelle est la perte ?

85. 675 kilogrammes de noix en coques donnent 298 kg d'amandes épluchées. Quel est le poids des coques ?

86. On achète à deux une pièce de vin de 580 litres. La part de l'un est de 275 litres. Dire la part de l'autre

87. 793 kilogrammes de bois vert se sont réduits par la dessiccation à 645 kg après un an de coupe. De combien est le déchet ?

88. Sur une somme de 542 francs qu'il doit, Paul donne un à-compte de 265 f. Que doit-il encore ?

89. Un arbre est âgé d'autant d'années que l'on compte de couches de bois sur la tranche de son tronc. Dans un chêne abattu en 1869, on compte 256 couches. En quelle année a germé le gland qui l'a produit ?

90. Un travail commencé le 13 a été fini le 31 du même mois. Combien de jours a duré ce travail ?

91. Deux montres qui ont coûté l'une 180 francs, l'autre 265 f, sont revendues la première 164 f, la seconde 287 f. Sur l'ensemble y a-t-il perte ou gain et de combien ?

92. La population de Paris est de nos jours de 1825000 habitants. Sous Philippe le Bel, elle était de 125000 habitants. De combien s'est-elle accrue depuis ?

93. Le monument le plus élevé du monde est la grande pyramide d'Egypte, dont la hauteur est de 146 mètres. Si le Munster ou clocher de Strasbourg lui était superposé, le tout ferait 288 mètres. Dire la hauteur du clocher de Strasbourg.

94. Le mont Ventoux, dans le département de Vaucluse, est la plus haute montagne de l'intérieur de la France. Il a 1909 mètres d'altitude. Le Mont-Dor et le Cantal, en Auvergne, viennent après lui. Le premier mesure 1886 m de hauteur, le second 1857 m. De combien le mont Ventoux les dépasse-t-il l'un et l'autre ?

Problèmes sur l'addition et la soustraction.

95. Si de l'année, qui contient 365 jours, on retranche 52 dimanches, 12 jours fériés et 41 jours de mauvais temps, que reste-t-il de journées de travail dans les champs ?

96. Dans une affaire commerciale, trois associés ont fait un bénéfice commun de 4560 francs. La part du premier

doit être de 1585f, celle du second de 1462f. Quelle sera la part du troisième ?

97. Une personne doit à Jean 127 francs, à Paul 245, à Pierre 89f. Elle remet au premier un à-compte de 55, au second un à-compte de 130f, au troisième un à-compte de 47f. Que doit-elle encore en tout à ces trois créanciers ?

98. Un domestique dont les gages sont de 340 francs par an, a reçu 89f en avril, 112f en juillet, 77f en septembre. Que doit-il toucher encore pour le reste des gages de l'année ?

99. 100 kilogrammes d'une qualité de froment donnent 21kg de son ; 100kg d'une seconde qualité en donnent 18. Que donneront en farine les 200kg mélangés ?

100. Jean doit à son charron 258 francs ; mais il lui a fourni une pièce de vin de 110f, de plus 28f de pommes de terre et 114f de blé. Qui des deux doit à l'autre et combien?

101. On reçoit des oranges en trois caisses qui en contiennent respectivement 240, 285 et 262. Dans la première, il y en a 37 de gatées et 49 dans la seconde. Combien y a-t-il en tout d'oranges saines et combien de gâtées ?

102. Un négociant a reçu dans la journée les sommes de 279 francs, 242f et 85f. Il a payé les sommes de 342f et et 159f. Que doit-il y avoir en caisse à la fin de la journée, sachant qu'il y avait 2000f au début ?

103. L'année dernière, dix pommiers ont produit 4680 kilogrammes de pommes dont le rendement en cidre a été de 1961 litres. Cette année-ci, la récolte de pommes a été de 3250kg qui ont fourni 480l de cidre. 1° Quelle a été pour les deux années réunies la récolte de pommes, quel a été en tout le rendement en cidre ? 2° De combien la récolte de l'année passée l'emporte-t-elle sur celle de l'année présente soit en pommes, soit en cidre ?

104. On établit un chemin vicinal dont la longueur totale sera de 25640 mètres et qui doit être terminé en quatre ans. On a fait la première année 6327m de chemin, la seconde 5980, la troisième 6742. Que reste-t-il à faire la quatrième année ?

105. On a vendu au marché pour 350 francs de blé, 157f d'avoine, et un troupeau de moutons pour 288f. On a acheté un mulet qui coûte 315f et une charrette dont le prix est de 175f. On dépense, en outre, 32f pour divers achats. Quelle somme rapporte-t-on du marché ?

CHAPITRE VI

Multiplication

TABLE DE MULTIPLICATION

1 fois	1 font	1	4 fois	1 font	4	7 fois	1 font	7
1	2	2	4	2	8	7	2	14
1	3	3	4	3	12	7	3	21
1	4	4	4	4	16	7	4	28
1	5	5	4	5	20	7	5	35
1	6	6	4	6	24	7	6	42
1	7	7	4	7	28	7	7	49
1	8	8	4	8	32	7	8	56
1	9	9	4	9	36	7	9	63
2 fois	1 font	2	5 fois	1 font	5	8 fois	1 font	8
2	2	4	5	2	10	8	2	16
2	3	6	5	3	15	8	3	24
2	4	8	5	4	20	8	4	32
2	5	10	5	5	25	8	5	40
2	6	12	5	6	30	8	6	48
2	7	14	5	7	35	8	7	56
2	8	16	5	8	40	8	8	64
2	9	18	5	9	45	8	9	72
3 fois	1 font	3	6 fois	1 font	6	9 fois	1 font	9
3	2	6	6	2	12	9	2	18
3	3	9	6	3	18	9	3	27
3	4	12	6	4	24	9	4	36
3	5	15	6	5	30	9	5	45
3	6	18	6	6	36	9	6	54
3	7	21	6	7	42	9	7	63
3	8	24	6	8	48	9	8	72
3	9	27	6	9	54	9	9	81

MULTIPLICATION.

1. DÉFINITION. *La multiplication d'un nombre par un autre a pour but de répéter le premier nombre autant de fois qu'il y a d'unités dans le second.*

Le nombre qu'il faut répéter s'appelle *multiplicande*; le nombre qui indique combien de fois il faut répéter le premier s'appelle *multiplicateur*; le résultat de l'opération porte le nom de *produit*. Le multiplicande et le multiplicateur sont désignés l'un et l'autre par le nom de *facteurs*.

Ainsi multiplier 5 par 3, c'est répéter 5 3 fois, ce qui donne 15. Le multiplicande est 5, le multiplicateur est 3 et le produit est 15. Enfin 3 et 5 sont les deux facteurs du produit 15.

2. TABLE DE MULTIPLICATION. Pour multiplier un nombre par un autre, il est indispensable de savoir très-bien de mémoire les produits que donnent les nombres d'un seul chiffre combinés deux à deux de toutes les manières. Il faut donc commencer par apprendre la table ci-dessus.

3. MULTIPLICATION PAR UN NOMBRE D'UN SEUL CHIFFRE. Soit à répéter 264 5 fois, c'est-à-dire soit à multiplier 264 par 5. Au dessous du multiplicande 264 écrivons le multiplicateur 5 et raisonnons ainsi :

$$\begin{array}{r} 264 \\ 5 \\ \hline 1320 \end{array}$$

5 fois 4 unités font 20 unités ou 2 dizaines et 0 unité. On pose 0 au rang des unités et l'on retient les 2 dizaines. 5 fois 6 dizaines font 30 dizaines, et 2 de retenue font 32 dizaines, c'est-à-dire 3 centaines et 2 dizaines. On écrit 2 dizaines au rang des dizaines et l'on retient les 3 centaines. 5 fois 2 centaines font 10

centaines, et 3 de retenue font 13 centaines, c'est-à-dire 3 centaines et 1 mille. On écrit les 3 centaines à leur rang et 1 mille en avant des centaines.

Dans la pratique on dit: 5 fois 4, 20; je pose 0 et je retiens 2. — 5 fois 6, 30; et 2 de retenue, 32. Je pose 2 et je retiens 3. — 5 fois 2, 10; et 3 de retenue, 13. Je pose 3 et j'avance 1.

RÈGLE. *Pour multiplier un nombre par un nombre d'un seul chiffre, on multiplie successivement les unités, les dizaines, les centaines, les mille, etc., du multiplicande par le multiplicateur, et à chaque résultat on ajoute la retenue provenant du résultat précédent. Le résultat des unités, après retenue des dizaines s'il y en a, est écrit à la colonne des unités; le résultat des dizaines, après retenue des centaines s'il y en a, est écrit au rang des dizaines, etc.*

4. MULTIPLICATION D'UN NOMBRE PAR 10, PAR 100, PAR 1000, ETC. *On multiplie un nombre par 10 en écrivant un 0 à sa droite.* — Considérons en effet le nombre 364. Si l'on écrit un 0 à sa droite, il devient 3640. Comparons maintenant, chiffre par chiffre, les deux nombres

364 et 3640.

Dans le premier nombre, le chiffre 4 représente des unités; dans le second, il représente des dizaines, dont la valeur est 10 fois plus grande. Dans le premier nombre, le chiffre 6 représente des dizaines; dans le second, il représente des centaines, dont la valeur est 10 fois plus forte. Enfin le chiffre 3 représente des centaines dans le premier nombre, tandis que, dans le second, il représente des mille, dont la valeur est 10 fois plus grande. Ainsi, par la présence du 0 écrit à droite, chaque chiffre significatif a avancé d'un rang vers la gauche, et a, de la sorte, acquis une valeur 10 fois plus grande. Le nombre est donc 10 fois plus fort.

Pareillement, *on multiplie un nombre par* 100, *par* 1000, *par* 10000, etc., *en écrivant* 2 *zéros*, 3 *zéros*, 4 *zéros à sa droite*; car alors chaque chiffre significatif avance de 2 rangs, de 3 rangs, de 4 rangs vers la gauche, et acquiert ainsi une valeur 100 fois, 1000 fois, 10,000 fois plus grande.

5. Multiplication par un nombre composé d'un chiffre significatif suivi d'un ou plusieurs zéros. On multiplie un nombre par 40 en le multipliant d'abord par 4 et ensuite par 10, car 4 fois 10 font 40. De même on multiplie un nombre par 600 en le multipliant d'abord par 6 et ensuite par 100, car 6 fois 100 font 600.

6. Multiplication par un nombre de plusieurs chiffres. Soit à multiplier 456 par 273. Pour répéter un nombre 273 fois, il faut évidemment le répéter 3 fois, puis 70 fois, puis 200 fois et ajouter les trois résultats. Mais pour répéter un nombre 70 fois, il suffit, nous venons de le voir, de le multiplier d'abord par 7 et ensuite par 10, ce qui se fait en écrivant un zéro à la droite du produit. De même, pour répéter un nombre 200 fois, il suffit de le multiplier par 2 et ensuite par 100, en écrivant 2 zéros à la droite du résultat. On est ainsi conduit à opérer trois multiplications par un seul chiffre. Le résultat de la multiplication par 3 reste tel quel, le résultat de la multiplication par 7 doit être suivi d'un zéro, enfin le résultat de la multiplication par 2 doit être suivi de deux zéros.

```
   456
   273
  ----
  1368 ou   3 fois 456
 31920 ou  70 fois 456
 91200 ou 200 fois 456
------    ------------
124488 ou 273 fois 456
```

Le produit de 456 par 3 est 1368 que l'on écrit tel quel. Le produit de 456 par 7 est 3192 ; mais, comme il faut encore multiplier par 10, on écrit un zéro à droite et l'on a 31920. Le produit de 456 par 2 est 912 ; mais comme il faut encore multiplier par 100, on écrit deux zéros à droite et l'on obtient 91200. Il ne reste plus qu'à faire la somme de ces trois *produits partiels*.

Il est visible que le zéro écrit à droite du produit partiel par 7 n'a aucune influence sur la somme lorsqu'on additionne les trois produits partiels. Il sert uniquement à faire occuper, aux chiffres significatifs qui l'accompagnent, la place qui leur convient. De même, les deux zéros écrits à la droite du produit partiel par 2 font occuper, aux chiffres significatifs qui l'accompagnent, la position qui leur convient, mais ils sont par eux-mêmes sans influence sur la somme. On peut donc parfaitement les supprimer, les sous-entendre, à la condition expresse que les chiffres significatifs des divers produits partiels occupent les rangs voulus. C'est ce que l'on fait dans la pratique, conformément à l'exemple ci-après.

```
   456
   273
  ----
  1368
 3192
 912
------
124488
```

Le produit partiel par 7 est avancé d'un rang vers la gauche pour laisser la place du zéro sous-entendu et représenter ainsi le produit par 70. Le produit partiel par 2 est avancé de deux rangs vers la gauche pour laisser la place des deux zéros sous-entendus et représenter ainsi le produit par 200. Aussi le dernier produit partiel 912 ne doit pas être lu neuf cent douze, mais bien quatre-vingt-onze mille deux cents, comme s'il y avait réellement deux zéros à sa droite : 91200.

7. RÈGLE. *Pour faire la multiplication de deux nombres de plusieurs chiffres, on écrit le multiplicateur au dessous du multiplicande et l'on tire un trait horizontal pour les séparer des produits partiels.*

On multiplie alors le multiplicande d'abord par le chiffre des unités du multiplicateur, puis par celui des dizaines, puis par celui des centaines, etc., en ayant soin de placer le premier chiffre de chaque produit partiel sur la colonne verticale du chiffre par lequel on multiplie.

Tous les produits partiels étant obtenus, on trace une ligne horizontale et l'on fait la somme de ces produits partiels. Cette somme est le produit cherché.

8. CAS OU IL SE TROUVE DES ZÉROS DANS LE CORPS DU MULTIPLICATEUR. Proposons-nous de multiplier 4526 par 3005.

```
     4526
     3005
 --------
    22630
 13578
 --------
 13600630
```

Après avoir fait le produit partiel par les 5 unités,

on passe immédiatement au produit partiel des mille ou par 3, sans tenir compte des deux zéros interposés, car ces deux zéros ne donnent évidemment aucun produit. On a soin, d'ailleurs, conformément à la règle énoncée ci-dessus, d'écrire le premier chiffre du produit partiel des mille au quatrième rang ou au rang des mille, enfin à la colonne verticale du chiffre 3 par lequel on multiplie. Les trois rangs laissés vides sont la place des trois zéros sous-entendus, zéros nécessaires pour exprimer le produit partiel des mille. On voit, en outre, qu'*une multiplication comprend autant de produits partiels qu'il y a de chiffres significatifs dans le multiplicateur.*

9. MULTIPLICATION LORSQUE L'UN DES FACTEURS OU TOUS LES DEUX SONT TERMINÉS PAR DES ZÉROS. Proposons-nous de multiplier 37000 par 2500.

On opère la multiplication des deux nombres comme s'il n'y avait pas de zéros, et à la droite du produit obtenu on écrit autant de zéros qu'il y en a dans les deux facteurs réunis.

```
     37
     25
    ───
    185
    74
 ────────
 92500000
```

On opère comme si on avait simplement 37 à multiplier par 25. A la droite du produit obtenu 925, on écrit cinq zéros parce qu'il y en a trois dans le multiplicande 37000 et deux dans le multiplicateur 2500, en tout cinq.

10. PREUVE DE LA MULTIPLICATION PAR UNE AUTRE MULTIPLICATION. *Le produit ne change pas de valeur*

quand on intervertit l'ordre de ses facteurs. Si donc l'on prend pour multiplicande, le nombre qui a servi de multiplicateur dans une opération, et pour multiplicateur le nombre qui a servi de multiplicande, le nouveau produit doit être égal au premier si l'opération est bonne.

Opération.	Preuve.
614	342
342	614
1228	1368
2456	342
1842	2052
209988	209988

11. PREUVE PAR 9. La preuve par 9 s'opère comme il suit :

742	4
374	5
2968	2
5194	
2226	
277508	2

On traite le multiplicande comme il a été dit au sujet de la preuve par 9 de l'addition. Le résultat est écrit en face. On en fait autant pour le multiplicateur. Les deux résultats obtenus sont *multipliés* l'un par l'autre. Le produit est 20. Ce nombre ayant plusieurs chiffres, on en fait la somme : 2 et 0 font 2, que l'on écrit. Si l'opération est bonne, le produit traité de la même manière doit donner 2. En effet, en négligeant les chiffres qui entre eux font 9, on a : 7 et 5 font 12, et 8 font 20. On recommence sur ce résultat de plusieurs chiffres : 2 et 0 font 2, que l'on écrit en face du produit. On arrive au même résultat, il est donc très-probable que l'opération est bonne.

12. USAGES DE LA MULTIPLICATION. Quelques exemples établiront dans quels cas il faut faire usage de la multiplication.

Une vigne comprend 43 rangées de souches. Chaque rangée se compose de 124 souches. Combien y a-t-il de souches dans la vigne ? Il faut répéter 124 souches autant de fois qu'il y a de rangées, il faut enfin multiplier 124 par 43.

Un tonneau contient 385 litres. Que contiendront 25 tonneaux pareils ? — Il faut répéter la contenance d'un tonneau, 385 litres, autant de fois qu'il y a de tonneaux; il faut multiplier 385 par 25.

Un mouton vaut 23 francs. Que vaut un troupeau de 142 moutons pareils ? — Il faut répéter le prix d'un mouton, 23 francs, autant de fois qu'il y a de moutons dans le troupeau, il faut multiplier 23 par 142.

Questionnaire.

1. Quel est le but de la multiplication ? — Qu'appelle-t-on multiplicande, multiplicateur, produit, facteurs ? — 2. Quels produits donne la table de multiplication ? — 3. Comment se fait la multiplication par un nombre d'un seul chiffre ? — 4. Comment multiplie-t-on un nombre par 10, 100, 1000, etc. ? — 5. Comment multiplie-t-on un nombre par 60, par 800, par 7000, etc. ? — 6. Comment fait-on pour répéter un nombre 764 fois ? — 7. Quelle est la règle à suivre pour faire la multiplication par un nombre quelconque ? — 8. Que fait-on s'il y a des zéros dans le corps du multiplicateur ? — 9. Comment se fait la multiplication lorsque l'un des facteurs ou tous les deux sont terminés par des zéros ? — 10. Comment se fait la preuve de la multiplication par une autre multiplication ? — 11. Comment se fait la preuve par

de la multiplication? — 12. Donnez des exemples de l'emploi de la multiplication?

Exercices sur la multiplication.

(*Le signe de la multiplication est* ×, *qui se prononce* multiplié par.)

Faire les multiplications suivantes :

106.	345 × 2	109.	1254 × 87
	627 × 3		4603 × 92
	451 × 4		3702 × 85
	1248 × 5		6479 × 76
107.	1452 × 6	110.	6424 × 524
	2367 × 7		7021 × 672
	2514 × 8		8009 × 704
	3156 × 9		7008 × 609
108.	582 × 24	111.	79000 × 180
	671 × 36		80300 × 900
	891 × 47		76400 × 890
	976 × 52		800401 × 907

(Appliquer à ces opérations la preuve par la multiplication et la preuve par 9.)

Problèmes sur la multiplication.

112. Répéter 27 fois le nombre 326.
113. Rendre 34 fois plus fort le nombre 142.
114. Trouver le produit de 86 par 97.
115. Que devient 263 multiplié par 38?
116. Quel est le produit des deux facteurs 92 et 85?
117. Un ouvrier gagne 4 francs par jour. Que gagne-t-il en 67 jours de travail?
118. Un livre contient 362 pages, et chaque page contient 32 lignes. Quel est le nombre de lignes du livre?
119. Combien y a-t-il d'heures dans l'année, se composant de 365 jours de 24 heures?
120. Combien y a-t-il de minutes, combien y a-t-il de secondes dans les 24 heures dont le jour se compose (*l'heure vaut* 60 *minutes et la minute vaut* 60 *secondes*)?
121. Combien y a-t-il de minutes dans l'année?

122. Un train-omnibus de chemin de fer fait 8 lieues par heure. Quel trajet parcourt-il en 24 heures ?

123. Une locomotive à marchandises consomme en été 64 kilogrammes de houille pour le parcours d'une lieue. Quel est le poids du combustible dépensé pour le parcours de 85 lieues ?

124. En hiver, à cause du refroidissement de la chaudière, elle en consomme davantage : 72 kilogrammes pour le parcours d'une lieue. Quelle quantité de houille lui faudrait-il pour un trajet de 45 lieues ?

125. La toison d'un mouton pèse 3 kilogrammes. Que pèsera la laine provenant de 258 moutons ?

126. Il faut 1343 grains de blé meunier pour remplir la capacité d'un litre. Combien en faut-il pour remplir 584 litres.

127. Une fontaine fournit 87 litres d'eau par minute. Combien en fournit-elle en 24 heures ?

128. 9 litres de jus de betterave donnent 1 kilogramme de sucre. Combien de jus faut-il pour obtenir 267^{kg} de sucre?

129. Des arbres rangés sur une seule ligne sont plantés à 14 mètres l'un de l'autre. Il y en a 85. Quelle longueur occupent-ils?

130. Que valent 254 kilogrammes de cocons à 7 francs le kilogramme ?

131. Il faut 28 litres de lait pour produire 1 kilogramme de beurre. Combien faut-il de lait pour en produire 18 kilogrammes?

132. Que coûtent 12 douzaines de mouchoirs à 27 francs la douzaine ?

133. Une plantation de fraisiers contient 58 rangées de 164 pieds chacune. Combien y a-t-il de pieds de fraisier dans la plantation ?

134. Les nuages chassés par le vent le plus violent possible parcourent 50 mètres par seconde. Quelle distance parcourent-ils en 1 heure ?

135. Le son parcourt 340 mètres par seconde. A quelle distance est-on du lieu d'explosion de la foudre si le bruit du tonnerre arrive 13 secondes après l'éclair? (L'éclair se voit à l'instant même de l'explosion, le bruit n'arrive qu'après.)

136. Un maître maçon emploie 14 ouvriers qu'il paie 4 francs par jour. Quelle somme lui faut-il pour leur payer 12 journées de travail ?

137. La coupe d'un taillis a fourni 15 charretées de 252 fagots chacune. Que donneraient en fagots 7 coupes pareilles ?

138. Un travail a exigé 15 journées de 9 heures en employant 27 ouvriers. Combien un seul ouvrier mettrait-il d'heures pour le faire?

Problèmes sur l'addition, la soustraction et la multiplication.

139. Une fabrique occupe 85 ouvriers à 6 francs par jour, 42 ouvriers à 5f par jour, et 59 ouvriers à 4f par jour. Quelle est la somme nécessaire au paiement de ce personnel pour 15 jours de travail ?

140. Sur un envoi de pièces de porcelaine du prix de 14 francs l'une, 79 se trouvent détériorées et ne valent plus que 9f pièce. De combien est réduite la valeur de l'ensemble ?

141. On met au roulage 14 ballots de 105 kilogrammes chacun, 9 ballots de 85kg, enfin 17 ballots de 59kg. Quel est le poids de l'ensemble des ballots ?

142. Une propriété rapporte 850f, une autre 1260f par an. En 14 ans, combien la seconde rapporte-t-elle de plus que la première ?

143. Une bibliothèque comprend 48 rayons. Sur ce nombre, 29 contiennent 64 volumes chacun, 13 sont encore vides, et les autres contiennent 53 volumes chacun. Dire le nombre de volumes de la bibliothèque.

144. On doit répartir une somme entre 37 personnes, comme il suit : 9 doivent avoir 59 francs chacune ; 12 doivent avoir chacune 17f de moins, et les autres 13f de plus que les premières. Quelle est la somme à répartir ?

145. Un tailleur de pierres gagne 6 francs par jour. Sur les 365 jours de l'année, il faut défalquer 52 dimanches, 10 jours fériés et 17 jours de chômage. Que gagne-t-il par an ?

146. Pour un appartement, il faut 14 rouleaux de tapisserie à 2 francs l'un, et 4 rouleaux de bordure à 3f l'un. La pose du papier est payée 7f. Que dépensera-t-on pour faire tapisser 3 appartements pareils ?

147. Une maison rapporte 345 francs de loyer, une

seconde 3 fois autant, une troisième le double des deux premières réunies. Que rapportent-elles ensemble?

148. Sur un troupeau de 263 moutons achetés 19 francs l'un, 27 périssent et les autres sont revendus 22f. Y a-t-il perte ou gain, et de combien?

149. La construction d'un mur de clôture coûte 3 francs le mètre courant. Combien dépensera-t-on pour entourer d'un mur un jardin dont les quatre côtés ont respectivement 63 mètres, 97m, 71m et 58m de longueur?

150. Un tailleur avait fait provision de 8 *grosses* de boutons. Que lui reste-t-il après en avoir employé 762? (*La grosse vaut douze douzaines.*)

151. Sur 6 rames de papier qu'on avait achetées, on a employé 2 rames et 14 mains. Que reste-t-il encore de feuilles, sachant que la rame se compose de 20 mains, et que la main contient 25 feuilles?

152. Dans une institution de 145 élèves, 74 paient 6 francs par mois, 63 paient 5f par mois, les autres sont gratuits. Quelle est la totalité des rétributions pour 10 mois?

153. 85 brebis ont donné chacune: 1° 1 agneau de 12 francs; 2° 4f de laine; 3° un second agneau de 14f. Chaque brebis coûtait 25f et n'en vaut que 20 maintenant. Quel est le produit du troupeau?

154. Une administration occupe 8 employés à 360 francs par trimestre chacun, et 5 employés à 270f par trimestre. En 6 ans, à combien s'élève le traitement de ce personnel?

CHAPITRE VII

Division

PAR UN NOMBRE D'UN SEUL CHIFFRE

1. NOTIONS PRÉLIMINAIRES. Si l'on se proposait de répartir également 48 pommes entre 3 personnes, il faudrait de l'ensemble des 48 pommes faire 3 parts

égales, et en donner une à chaque personne. L'opération arithmétique apte à dire la part de chaque personne s'appelle *division*, parce qu'elle divise, qu'elle partage. La quantité à partager, 48 pommes, se nomme *dividende* ; le nombre 3, désignant en combien de parts égales les 48 pommes doivent être divisées, s'appelle *diviseur*; la part 16 de chaque personne s'appelle *quotient*.

Si le nombre des pommes était de 50, chacune des 3 personnes en aurait 16, ce qui ferait en tout 48 pommes ; et il en resterait 2 que l'on ne pourrait partager à moins de les couper au couteau. Ce nombre 2 s'appelle le *reste*.

Le nombre 48, pouvant être divisé en trois parties égales sans reste, est dit *divisible par* 3. Au contraire, le nombre 50, qui, divisé par 3, laisse un reste, *n'est pas divisible par* 3.

En général : *Un nombre est divisible par un autre lorsque sa division par ce dernier donne un quotient sans reste ; il n'est pas divisible s'il y a un reste.*

Le reste évidemment est toujours moindre que le diviseur, car, s'il était égal au diviseur ou plus grand, il se prêterait au partage.

2. SIGNIFICATION DES TERMES LA MOITIÉ, LE TIERS, LE QUART, LE CINQUIÈME, etc. Si les pommes sont à partager entre 2 personnes, on dit que chaque personne a *la moitié* ou la deuxième partie de la totalité des pommes ; elle en a *le tiers* ou la troisième partie si le partage se fait entre 3 personnes ; elle en a *le quart*, ou la quatrième partie, si le partage se fait entre 4 personnes. Enfin elle a *le cinquième, le sixième, le septième*, etc., c'est-à-dire la cinquième partie, la sixième partie, la septième partie, etc., si le partage est fait entre 5, entre 6, entre 7 personnes. Ainsi prendre

la moitié d'un nombre, c'est le diviser par 2 ; en prendre le tiers, le quart, le cinquième, etc., c'est le diviser par 3, par 4, par 5, etc.

3. REMARQUE. La division d'un nombre quelconque par un nombre d'un seul chiffre se ramène à prendre la moitié, le tiers, le quart, etc., d'un nombre pouvant avoir un seul chiffre ou deux au plus. Quelques exercices vont nous familiariser avec ce genre de recherches.

Quel est le quart de 12? Le quart de 12 répété 4 fois doit reproduire 12. Il faut donc chercher le nombre qui multiplié par 4 donne 12. La table de multiplication nous enseigne que 3 répété 4 fois donne 12. Le quart de 12 est donc 3.

Quel est le sixième de 48? Le sixième de 48 répété 6 fois doit reproduire 48. Il faut donc chercher le nombre qui multiplié par 6 donne 48. Ce nombre est 8, car 6 fois 8 font 48.

Quel est le cinquième de 30? D'après la table de multiplication, 6 répété 5 fois donne 30. Le cinquième de 30 est donc 6.

Pareillement le septième de 63 est 9, parce que 9 répété 7 fois donne 63; le huitième de 32 est 4, parce que 4 répété 8 fois donne 32.

Très-fréquemment la division est accompagnée d'un reste. Pour avoir, par exemple, le septième de 39, on consulte la table de multiplication ou mieux ses souvenirs, et l'on cherche le nombre qui répété 7 fois donne le produit le plus approché de 39 sans toutefois le dépasser. Ce nombre est 5, qui répété 7 fois donne 35. Le septième de 39 est donc 5, avec un reste 4 égal à la différence entre 35 et 39.

Soit encore à trouver le huitième de 55. En parcourant la table de multiplication, on voit que le produit par 8 le plus approché de 55 sans le dépasser est 48, qui se compose de 6 répété 8 fois. Le huitième de 55 est donc 6, avec un reste 7 égal à la différence entre 55 et 48.

4. DIVISION PAR UN NOMBRE D'UN SEUL CHIFFRE. Proposons-nous maintenant de diviser 648 par 2, ou, ce qui revient au même, d'en prendre la moitié. Cette moitié du nombre total doit évidemment comprendre la moitié des centaines, la moitié des dizaines et la moitié des unités. On opère donc comme il suit :

648
324

La moitié de 6 centaines est 3 centaines, que l'on écrit au rang des centaines et par conséquent sous le chiffre que l'on divise. La moitié de 4 dizaines est 2 dizaines, que l'on écrit au rang des dizaines. Enfin la moitié de 8 unités est 4 unités, que l'on écrit au rang des unités. La moitié du nombre proposé se compose donc de 3 centaines, de 2 dizaines et de 4 unités ; c'est-à-dire que cette moitié est exprimée par le nombre 324.

Soit encore à prendre le tiers de 936, ou bien soit 936 à diviser par 3.

936
312

On dit : le tiers de 9, c'est 3. Le tiers de 3, c'est 1. Le tiers de 6, c'est 2. Le nombre 312 est le tiers de 936, parce qu'il comprend le tiers de ses centaines, le tiers de ses dizaines et le tiers de ses unités.

5. CAS OU LES DIVISIONS PARTIELLES FOURNISSENT DES RESTES. On se propose de diviser 912 par 4.

912
228

Le quart de 9 est 2, pour 8 ; et il reste 1. On écrit 2 au rang des centaines. Quant à la valeur 1 qui reste, remarquons que c'est une centaine qui vaut 10 dizaines. Ajoutons ces 10 dizaines à la dizaine qu'il y a dans le nombre proposé, et nous aurons en tout 11 dizaines. Le quart de 11 est 2, pour 8 ; et il reste 3. On écrit 2 au rang des dizaines. Le reste 3 est 3 dizaines, qui valent 30 unités. Ces 30 unités ajoutées aux 2 unités du nombre proposé font 32. Le quart de 32 est 8, que l'on écrit au rang des unités.

Soit à diviser 44156 par 7.

44156
6308

Le premier chiffre du nombre ne contenant pas 7, on en prend immédiatement deux, qui représentent 44 mille. Le septième de 44 est 6, pour 42 ; et il reste 2. On écrit 6 au rang des mille. Les 2 mille qui restent valent 20 centaines, qui ajoutées à la centaine du nombre proposé font 21 centaines. Le septième de 21 est 3 sans reste. On passe donc au chiffre suivant 5, sans rien lui ajouter. Le septième de 5 ne peut se prendre. On écrit 0 au rang des dizaines, et l'on réduit en unités les 5 dizaines. Ces 5 dizaines valent 50 unités, qui avec les 6 du nombre proposé font 56. Le septième de 56 est 8, que l'on écrit au rang des unités.

Divisons 43704 par 8. En abrégeant, l'on dit :

43704
5463

Le huitième de 43 est 5, pour 40. 40 ôtés de 43, il

reste 3. Le huitième de 37 est 4, pour 32. 32 ôtés de 37, il reste 5. Le huitième de 50 est 6, pour 48. 48 ôtés de 50, il reste 2. Le huitième de 24 est 3.

Pour dernier exemple, proposons-nous de diviser 32868 par 6.

32868
5478

Le sixième de 32 est 5, pour 30. 30 ôtés de 32, il reste 2. Le sixième de 28 est 4, pour 24. 24 ôtés de 28, il reste 4. Le sixième de 46 est 7, pour 42. 42 ôtés de 46, il reste 4. Le sixième de 48 est 8.

6. CAS OU LE DIVIDENDE RENFERME DES ZÉROS. Soit à diviser 70002 par 6.

70002
11667

Le sixième de 7 est 1, pour 6. 6 ôtés de 7, il reste 1. Cet 1 de reste est une dizaine de mille. On la réduit en mille. Cela fait dix mille, sans rien en plus, puisque le nombre ne contient pas de mille. Le sixième de 10 est 1, pour 6 ; 6 ôtés de 10, il reste 4. Les 4 mille qui restent valent 40 centaines, auxquelles on n'ajoute rien puisque le nombre ne contient pas de centaines. Le sixième de 40 est 6, pour 36 ; 36 ôtés de 40, il reste 4. Les 4 centaines qui restent valent 40 dizaines. Le sixième de 40 est 6, pour 36 ; 36 ôtés de 40, il reste 4. Les 4 dizaines qui restent valent 40 unités, qui, ajoutées aux 2 unités du nombre, font 42. Le sixième de 42 est 7.

7. PREUVE. Le quotient, avons-nous vu, exprime la *quote-part*, la *quotité* d'une somme, qui revient à chacun des partageants. Si l'on répète cette part, ce quotient, autant de fois qu'il y a de partageants, c'est-à-dire autant de fois qu'il y a d'unités dans le diviseur,

on doit reproduire la somme à partager, ou le dividende. Par conséquent *le quotient multiplié par le diviseur reproduit le dividende*. On reconnaît donc que la division est bonne quand le produit du quotient par le diviseur est égal au dividende.

Opération.	Preuve.	
37394	5342	*quotient*
5342	7	*diviseur*
	37394	*produit égal au dividende.*

On a divisé 37394 par 7. Le quotient est 5342. Pour vérifier l'opération, on multiplie le quotient 5342 par le diviseur 7. Le produit est égal au dividende. L'opération est donc exacte.

8. Cas où la division donne un reste. Très-fréquemment la division conduit à un reste. Soit par exemple à diviser 743 par 6, on dira :

743
123 reste 5.

Le sixième de 7 est 1, pour 6; 6 ôtés de 7, il reste 1. Le sixième de 14 est 2, pour 12 ; 12 ôtés de 14, il reste 2. Le sixième de 23 est 3, pour 18; 18 ôtés de 23, il reste 5.

Pour faire la preuve quand il y a un reste, *on multiplie le quotient par le diviseur, et au produit on ajoute le reste. Le résultat doit être égal au dividende.*

Preuve.	
123	*quotient*
6	*diviseur*
738	
5	*reste*
743	*résultat égal au dividende.*

Questionnaire.

1. Que se propose-t-on dans la division? — Qu'appelle-t-on dividende, diviseur, quotient, reste? — Dans quel cas un nombre est-il dit divisible ou non divisible par un autre? — 2. Qu'est-ce que prendre la moitié, le tiers, le quart, le cinquième, etc., d'un nombre? — 3. Comment la table de multiplication fournit-elle la moitié, le tiers, le quart, le cinquième, etc., d'un nombre composé de deux chiffres au plus? — 4. Comment prend-on la moitié, le tiers, le quart, etc., d'un nombre quelconque? — 5. S'il y a un reste dans une division partielle, que fait-on? — 6. Quelle marche faut-il suivre quand il se présente un zéro dans le dividende? — 7. Si la division est sans reste, à quoi doit être égal le produit du quotient par le diviseur? — Comment se fait la preuve de la division lorsqu'il n'y a pas de reste? — 8. Comment se fait cette preuve lorsqu'il y a un reste?

Exercices sur la division par un nombre d'un seul chiffre.

(*Le signe de la division est un trait horizontal. — Au dessus, on place le dividende; au dessous, le diviseur. Ainsi* $\frac{48}{6}$ *signifie* 48 *à diviser par* 6.)

Faire les divisions suivantes :

155. $\frac{468}{2}$, $\frac{260}{2}$, $\frac{804}{2}$, $\frac{736}{2}$, $\frac{14704}{2}$, $\frac{31718}{2}$, $\frac{37592}{2}$.

156. $\frac{132}{3}$, $\frac{651}{3}$, $\frac{1092}{3}$, $\frac{2574}{3}$, $\frac{4005}{3}$, $\frac{1011}{3}$, $\frac{44412}{3}$.

157. $\frac{7924}{4}$, $\frac{10316}{4}$, $\frac{35708}{4}$, $\frac{10128}{4}$, $\frac{35136}{4}$, $\frac{17032}{4}$, $\frac{510112}{4}$.

158. $\frac{79430}{5}$, $\frac{1315}{5}$, $\frac{14025}{5}$, $\frac{94215}{5}$, $\frac{74340}{5}$, $\frac{32760}{5}$, $\frac{54145}{5}$.

159. $\frac{20412}{6}$, $\frac{5742}{6}$, $\frac{1110}{6}$, $\frac{91134}{6}$, $\frac{85212}{6}$, $\frac{70110}{6}$, $\frac{4314}{6}$.

160. $\frac{952}{7}$, $\frac{7294}{7}$, $\frac{15134}{7}$, $\frac{4263}{7}$, $\frac{2835}{7}$, $\frac{2254}{7}$, $\frac{3045}{7}$.

161. $\frac{23008}{8}$, $\frac{15024}{8}$, $\frac{61048}{8}$, $\frac{31968}{8}$, $\frac{205112}{8}$, $\frac{170120}{8}$, $\frac{215096}{8}$.

162. $\frac{7524}{9}$, $\frac{80901}{9}$, $\frac{52704}{9}$, $\frac{61848}{9}$, $\frac{111060}{9}$, $\frac{2070}{9}$, $\frac{5004}{9}$.

163. $\frac{731}{2}$, $\frac{8456}{4}$, $\frac{324}{7}$, $\frac{161}{3}$, $\frac{5041}{5}$, $\frac{4814}{7}$, $\frac{369}{8}$.

164. $\frac{6204}{6}$, $\frac{961}{2}$, $\frac{546}{9}$, $\frac{4027}{6}$, $\frac{6140}{7}$, $\frac{3208}{8}$, $\frac{7162}{5}$.

Faire la preuve pour chaque opération.

165. $\frac{5281}{9}$, $\frac{4001}{9}$, $\frac{2571}{9}$, $\frac{23570}{9}$, $\frac{41064}{9}$, $\frac{1945}{9}$, $\frac{1862}{9}$.

Vérifier sur les divisions du n° 165 que le reste est bien égal au résultat que l'on obtient en traitant le nombre comme il a été dit au sujet de la preuve par 9 de l'addition.

CHAPITRE VIII

Division

PAR UN NOMBRE QUELCONQUE

1. MARCHE DE L'OPÉRATION. Proposons-nous maintenant de partager 37638 francs à parts égales entre 153 personnes. Le partage sera fait si l'on répartit également entre les 153 intéressés les dizaines de mille

du nombre, les mille, les centaines, les dizaines et les unités. Par quel ordre de ces différentes espèces d'unités convient-il de commencer le partage ? Évidemment par les unités de l'ordre le plus élevé, comme lorsque le diviseur est un nombre d'un seul chiffre ; on aura de la sorte l'avantage de pouvoir réduire les restes des diverses divisions partielles en unités de l'ordre immédiatement inférieur, afin de les soumettre à un nouveau partage après les avoir réunies aux unités du même ordre que le dividende renferme.

Écrivons le dividende à gauche, le diviseur à droite, séparons les deux nombres par un trait de haut en bas, soulignons le diviseur d'un trait au dessous duquel nous placerons le quotient et raisonnons ainsi :

37638	153
306	246
703	
612	
918	
918	
000	

Il faut, disons-nous, répartir également entre 153 personnes les 3 dizaines de mille du nombre proposé, puis les 7 mille, puis les 6 centaines, puis les 3 dizaines et enfin les 8 unités. Mais les 3 dizaines de mille ne se prêtent pas au partage parce qu'il n'y en a pas un nombre suffisant. On les réduit donc en unités de l'ordre immédiatement inférieur, c'est-à-dire en mille. Cela fait 30 mille, qui, ajoutés aux 7 mille du second chiffre, donnent 37 mille. Les 37 mille ne se prêtent pas encore au partage, puisqu'il en faudrait au moins 153 pour que la répartition fût possible. On les réduit donc en 370 centaines, qui réunies aux 6 centaines du nombre donnent 376 centaines. Maintenant le partage peut se faire, il y aura des centaines pour chaque partageant. Séparons par un point les 376 centaines du dividende : c'est sur elles que doit porter d'abord l'opération. De là résulte cette première règle :

On sépare sur la gauche du dividende autant de chiffres qu'il en faut pour contenir au moins une fois le diviseur.

Combien sur les 376 centaines à partager en revient-il à chacune des 153 personnes ; est-ce une seule, deux, trois, quatre ? On le détermine par quelques essais. Admettons qu'il en revienne 3 à chaque personne. Dans cette supposition, le nombre total des centaines distribuées serait égal à 3 répété autant de fois qu'il y a de partageants, c'est-à-dire serait égal à 3 multiplié par 153 ; en d'autres termes, le nombre de centaines distribuées vaudrait le produit du diviseur par le chiffre essayé 3. Ce produit est 459. Mais nous n'avons que 376 centaines à partager et non pas 459 ; la part 3 pour chaque personne est donc trop forte.

On reconnaît donc que le chiffre essayé est trop fort lorsque le produit du diviseur par ce chiffre ne peut se retrancher de la partie du dividende sur laquelle on opère.

Essayons 1 centaine par personne. Le nombre de centaines réparties serait alors de 153, moindre que 376, nombre de centaines dont on dispose réellement. Si l'on retranche 153 de 376, il reste 223 centaines, nombre assez grand pour se prêter encore au partage. La part 1 centaine par personne est alors trop faible puisqu'il reste encore assez de centaines pour un nouveau partage.

Le chiffre essayé est donc trop faible lorsque son

produit par le diviseur, étant retranché de la partie du dividende sur laquelle on opère, donne un reste plus grand que le diviseur.

Essayons enfin 2 centaines par personne. Les 2 centaines répétées 153 fois donnent 306. Dans ce cas, la totalité de la répartition ne dépasse pas le nombre 376 dont on dispose; de plus, si l'on retranche 306 de 376, on trouve 70, nombre plus faible que celui des partageants et par conséquent non susceptible tel qu'il est d'un nouveau partage. Le chiffre 2 est donc convenable.

Le chiffre essayé est bon quand le produit du diviseur par ce chiffre peut se retrancher de la partie du dividende sur laquelle on opère, et que le reste est moindre que le diviseur.

On retranche 306 de 376; il reste 70 centaines à répartir encore. A cet effet, on les réduit en dizaines. Les 700 dizaines qui en résultent, réunies aux 3 dizaines du dividende, donnent 703 dizaines à partager. Pour obtenir ce nombre 703, on voit qu'il suffit d'écrire à la droite du reste 70 le chiffre suivant du dividende, c'est-à-dire le chiffre 3 que l'on sépare par un point.

A la droite du reste, on abaisse le chiffre suivant du dividende, chiffre que l'on sépare par un point.

Pour trouver le nombre de dizaines revenant à chaque personne sur les 703 qu'il s'agit de partager, on fait quelques essais comme nous venons de le dire au sujet des centaines. Le chiffre 4 convient parce que son produit par 153 donne un nombre 612 moindre que 703, avec un reste 91 moindre que 153.

On écrit 612 sous 703 et l'on fait la soustraction. Le reste 91 représente 91 dizaines qu'il faut encore partager. Ces 91 dizaines valent 910 unités, qui réunies aux 8 unités du dividende donnent 918 unités. On obtient immédiatement ce nombre 918 en abaissant à la droite du reste 91 le chiffre 8 des unités du dividende.

Quelques essais apprennent combien il revient d'unités à chaque personne sur les 918 qu'il faut partager. Le chiffre 6 est bon, car, en le répétant 153 fois, ou bien en multipliant 153 par 6, on obtient précisément 918. Cela fait, il ne reste plus rien; le partage est donc terminé, et il revient à chaque personne 2 centaines, 4 dizaines et 6 unités, ou bien 246 francs.

2. RÈGLE. De ces développements on déduit la règle à suivre pour faire une division par un nombre de plusieurs chiffres.

On prend sur la gauche du dividende autant de chiffres qu'il en faut pour contenir le diviseur et on les sépare des autres par un point. Au moyen de quelques tâtonnements, on recherche par quel chiffre il faut multiplier le diviseur pour obtenir un produit contenu dans la partie séparée du dividende, avec un reste moindre que le diviseur. Le chiffre essayé est trop fort si la soustraction ne peut se faire; il est trop faible si le reste dépasse le diviseur.

On multiplie le diviseur par le chiffre trouvé et l'on écrit le produit sous la partie retranchée du dividende (306 sous 376 dans l'exemple proposé). *On opère la soustraction, et à la suite du reste on abaisse le premier chiffre de la partie du dividende non encore employée.* (A la suite du reste 70, on abaisse le chiffre 3 du dividende.)

On opère sur ce second dividende partiel comme sur le premier, c'est-à-dire que l'on recherche par quel chiffre il faut multiplier le diviseur pour obtenir un produit contenu dans ce dividende partiel, avec un reste moindre que le diviseur. Le chiffre essayé est trop fort si la soustraction ne peut se faire, il est trop faible si le reste dépasse le diviseur.

On multiplie le diviseur par le chiffre jugé convenable et l'on écrit le produit sous le dividende partiel (612 sous 703). *On opère la soustraction et à la suite du reste, on abaisse le chiffre suivant du dividende.* (A la suite du reste 91, on abaisse le chiffre 8 du dividende.)

Ce troisième dividende partiel est traité de la même manière que les précédents, etc., etc.

En résumé, l'on voit qu'après avoir séparé sur la gauche du dividende autant de chiffres qu'il en faut pour contenir le diviseur, et déterminé le premier chiffre du quotient, on trouve les autres chiffres au moyen de nombres dont chacun se compose du reste précédent et du chiffre suivant du dividende abaissé à côté du reste.

3. Dividendes partiels. Nombre de chiffres du quotient. Chacun des nombres servant à trouver l'un des chiffres du quotient s'appelle *dividende partiel*. Dans l'exemple proposé, les nombres 376, 703, 918 sont les dividendes partiels de l'opération. Chacun d'eux fournit un chiffre au quotient. La partie que l'on sépare à gauche du dividende donne le premier dividende partiel, et par conséquent le premier chiffre du quotient ; chacun des autres chiffres du dividende, abaissé à son tour, donne, avec le reste précédent, un nouveau dividende partiel qui fournit un nouveau chiffre du quotient.

Donc, *pour avoir le nombre de chiffres du quotient, on sépare sur la gauche du dividende autant de chiffres qu'il en faut pour contenir le diviseur. On compte le nombre de chiffres qui restent. Ce nombre augmenté de 1 est égal au nombre de chiffres du quotient.*

Exemple : Combien y aura-t-il de chiffres au quotient si l'on divise 118991 par 463 ? — Pour contenir le diviseur il faut les quatre premiers chiffres du dividende. Cette partie constitue le premier dividende partiel. Chacun des deux autres chiffres abaissé à droite du reste précédent fournira son dividende partiel. Il y aura donc trois chiffres au quotient. En effectuant l'opération d'après la règle qu'on vient de donner, on trouve en effet :

```
1 1 8 9.9.1 | 4 6 3
  9 2 6     |------
 -------    | 2 5 7
  2 6 3 9   |
  2 3 1 5   |
 ---------
    3 2 4 1
    3 2 4 1
   --------
    0 0 0 0
```

4. Cas où le diviseur n'est pas contenu dans le dividende partiel. Soit à diviser 2266524 par 754. D'après la règle du paragraphe 3, le quotient doit avoir quatre chiffres.

```
2 2 6 6.5.2.4 | 7 5 4
2 2 6 2       |--------
-----------   | 3 0 0 6
      4 5 2 4 |
      4 5 2 4
     --------
      0 0 0 0
```

Prenons sur la droite du dividende autant de chiffres qu'il en faut pour contenir le diviseur et séparons-les par un point. Cherchons par quel chiffre il faut multiplier 754 pour avoir un produit contenu dans

2266 avec un reste moindre que le diviseur. Ce chiffre est 3. Le produit 2262 du diviseur par le chiffre 3 du quotient est retranché de 2266. Le reste est 4. A la suite du 4, on abaisse le chiffre 5 du dividende. Le dividende partiel 45 centaines ne contient pas le diviseur. Il n'y a donc pas de centaines au quotient. On écrit 0 au quotient à la droite du 3, et l'on abaisse le chiffre suivant du dividende. Le nombre 452 dizaines ne contient pas le diviseur. Il n'y a donc pas de dizaines au quotient. On écrit 0 au quotient et l'on abaisse le chiffre 4 du dividende. Le dividende partiel 4524 fournit 6 au quotient. Le quotient est donc 3006.

Lorsqu'on arrive à un dividende partiel qui ne contient pas le diviseur, on écrit 0 au quotient et l'on abaisse le chiffre suivant du dividende.

Soit encore la division suivante :

```
480000 | 64
448    |-----
---    | 7500
 320   |
 320   |
 ---
 000
```

Le quotient doit avoir 4 chiffres. Mais, après avoir obtenu les deux premiers chiffres 7 et 5, le reste est 0, et les chiffres du dividende que l'on devrait encore abaisser un à un sont des zéros. Les deux chiffres du quotient qui restent à trouver sont donc des 0. Par conséquent :

Lorsqu'on arrive à des dividendes partiels nuls, on écrit au quotient autant de zéros qu'il reste encore de chiffres à trouver.

5. Définitions de la division. D'après le paragraphe 7 du chapitre VII, *le quotient multiplié par*

le diviseur doit donner le dividende. Ainsi le dividende est un produit dont le diviseur est un facteur et le quotient l'autre facteur. De là résulte cette définition de la division applicable dans tous les cas.

La division a pour but, étant donnés un produit et l'un de ses facteurs, de trouver l'autre facteur. Le produit donné s'appelle DIVIDENDE, *le facteur connu s'appelle* DIVISEUR, *le facteur cherché s'appelle* QUOTIENT.

On peut dire encore :

La division a pour but, étant donnés un nombre appelé DIVIDENDE *et un second nombre appelé* DIVISEUR, *de trouver un troisième nombre appelé* QUOTIENT, *qui, multiplié par le diviseur, reproduise le dividende.*

Puisque le quotient indique combien de fois il faut répéter le diviseur pour obtenir le dividende, il indique aussi combien de fois le diviseur est contenu dans le dividende. De cette manière de voir résulte la définition suivante, utile dans bien des cas :

La division a pour but de rechercher combien de fois un nombre appelé DIVISEUR *est contenu dans un autre appelé* DIVIDENDE. *Le résultat s'appelle* QUOTIENT.

6. MÉTHODE POUR ABRÉGER LES ESSAIS QUI DONNENT CHAQUE CHIFFRE DU QUOTIENT.

```
2 3 6.3.0.4 | 5 4 7
2 1 8 8     |-------
-------     | 4 3 2
  1 7 5 0
  1 6 4 1
  -------
    1 0 9 4
    1 0 9 4
    -------
    0 0 0 0
```

Chercher par quel chiffre il faut multiplier 547 pour obtenir un produit contenu dans 2363, c'est chercher combien de fois 2363 contient 547. Il faudrait donc se demander : en 2363 combien de fois 547 est-il contenu?

Pour abréger, on ne considère du diviseur que le premier chiffre, le chiffre 5; et dans le dividende partiel on laisse de côté deux chiffres, c'est-à-dire autant qu'on en laisse de côté dans le diviseur.

On dit alors : en 23 combien de fois 5 ? La réponse est 4. Ce chiffre 4 cependant peut être trop fort à cause des retenues provenant des dizaines et des unités négligées dans le diviseur. On l'essaye. Il est convenable si la soustraction peut se faire, et si le reste est moindre que le diviseur. C'est ce qui a eu lieu.

A la suite du reste 175, on abaisse le chiffre 0 du dividende, et, négligeant deux chiffres dans le dividende partiel et dans le diviseur, on dit : en 17 combien de fois 5? 3 fois. Le chiffre 3 convient si la soustraction peut se faire, et si le reste est moindre que le diviseur. C'est ce qui a lieu encore.

A la suite du reste 109, on abaisse le chiffre 4 du dividende, et, négligeant deux chiffres dans le dividende partiel ainsi formé et dans le diviseur, on dit : en 10 combien de fois 5? 2 fois. La soustraction se fait, le chiffre 2 est bon.

Par cette méthode, on n'a jamais un chiffre trop faible, mais on s'expose à avoir un chiffre trop fort.

```
51870 | 798
4788  |-----
----- | 65
 3990 |
 3990
-----
 0000
```

En 51, combien de fois 7? La réponse est 7. Pour reconnaître si ce chiffre n'est pas trop fort, on essaye mentalement la multiplication sur les deux premiers chiffres du diviseur et l'on dit : 7 fois 9 font 63, qui donnent 6 de retenue, 7 fois 7 font 49 et 6 de retenue font 55, nombre qui ne peut se soustraire de 51. Le chiffre 7 est donc trop fort. On essaye alors 6. 6 fois 9 font 54, qui donnent 5 de retenue. 6 fois 7 font 42, et 5 de retenue font 47, qui peut se soustraire de 51. Le chiffre 6 est bon. Et ainsi de suite.

7. DIVISION DANS LE CAS OU LE DIVIDENDE ET LE DIVISEUR SONT TERMINÉS PAR DES ZÉROS. Remarquons d'abord que si le dividende est rendu 100 fois plus petit, par exemple, le quotient devient 100 fois moindre parce que la quantité à partager est 100 fois moindre, Mais si en même temps le diviseur est rendu 100 fois plus petit, le quotient devient 100 fois plus fort, parce que le nombre des partageants est 100 fois moindre. Ces deux altérations inverses se compensent et le quotient ne change pas de valeur.

Le quotient ne change pas de valeur quand on rend à la fois le dividende et le diviseur le même nombre de fois plus petits.

Soit maintenant à diviser 48000 par 200. On supprime 2 zéros au diviseur, et un pareil nombre de zéros au dividende. On rend ainsi le dividende et le diviseur 100 fois plus petits l'un et l'autre, puisque leurs chiffres significatifs sont avancés de deux rangs vers la droite et expriment ainsi des unités 100 fois moindres. Ces deux altérations se compensent mutuellement et ne changent pas la valeur du quotient. Il suffit donc de diviser 480 par 2, et le quotient 240 est précisément le quotient de 48000 par 200.

Donc, *quand le dividende et le diviseur sont terminés par des zéros, on en supprime dans l'un et l'autre nombre autant qu'il y en a dans celui qui en contient le moins, et l'on opère sur les deux nombres simplifiés. Le quotient obtenu est le quotient même des nombres proposés.*

8. Reste de la division. Très-fréquemment, il arrive que le diviseur n'est pas contenu un nombre exact de fois dans le dividende. Il y a alors un reste, qui doit être moindre que le diviseur, car, s'il était plus grand, le diviseur serait contenu au moins une fois de plus dans le dividende.

```
4763 | 36
36   |-----
---- | 132
 116
 108
 ---
  83
  72
  --
  11  reste.
```

Après avoir trouvé les trois chiffres du quotient 132, on a un excédant 11, moindre que le diviseur. Cet excédant est le *reste* de la division.

9. Preuve par la multiplication. *S'il n'y a pas de reste, le diviseur multiplié par le quotient doit reproduire le dividende.*

S'il y a un reste, on l'ajoute au produit du diviseur par le quotient, et le résultat doit reproduire le dividende.

Voici un exemple de cette preuve dans le cas où il y a un reste.

Opération.

```
4 7 8.3 | 1 5 4
4 6 2   |------
------- | 3 1
  1 6 3 |
  1 5 4 |
-------
      9
```

Preuve.

```
 154 diviseur
  31 quotient
----
 154
462
----
4774
   9 reste
----
4783 dividende.
```

10. Preuve par 9. Examinons d'abord le cas où il n'y a pas de reste :

```
9 9 4.2.8 | 7 4 2     4
7 4 2     |------     8
--------- | 1 3 4    ---
2 5 2 2   |           5
2 2 2 6   |
---------
  2 9 6 8
  2 9 6 8
---------
  0 0 0 0
```

On traite le diviseur, comme il a été dit, pour obtenir le reste par 9. Le résultat 4 est écrit en face du diviseur. On en fait autant pour le quotient. Le résultat 8 est écrit en face. On *multiplie* les deux résultats l'un par l'autre. 4 fois 8 font 32. 3 et 2 font 5, que l'on écrit sous les deux premiers résultats. Si l'opération est bonne, le dividende doit donner 5. En effet, en ne tenant pas compte des 9, on a 4 et 2 font 6, et 8 font 14; 1 et 4 font 5.

En somme, on applique ici la preuve par 9 de la multiplication. Le diviseur et le quotient sont les deux facteurs, le dividende est le produit.

S'il y a un reste, on opère comme il suit :

```
 7643 | 89       8
 712  |----      4
 ---- | 85     ----
  523 |          5
  445            6
 ----          ----
   78            2
```

Le diviseur fournit 8. Le quotient donne: 8 et 5 font 13 ; 1 et 3 font 4. On *multiplie* 8 par 4 ; 4 fois 8 font 32 ; 3 et 2 font 5, que l'on écrit sous les deux nombres précédents. Le reste de la division, 78, est traité de la même manière. 7 et 8 font 15 ; 1 et 5 font 6, que l'on écrit sous le 5. On *ajoute* les deux résultats : 5 et 6 font 11 ; 1 et 1 font 2, que l'on écrit au dessous. Si la division est bonne, le dividende doit conduire au chiffre 2. En effet : 7 et 4 font 11, 1 et 1 font 2.

11. USAGES DE LA DIVISION. 1° *La division sert à répartir à parts égales une quantité entre un certain nombre de partageants.* Exemples : 6 personnes ont à se partager 360 francs. Que revient-il à chacune ? Il faut diviser 360 francs par 6. — 17 mètres d'étoffe coûtent 85 francs. Que coûte 1 mètre ? Il faut répartir également les 85 francs entre les 17 mètres, il faut diviser 85 par 17.

Dans ces deux exemples, le dividende et le diviseur sont de nature différente. Ils représentent des francs et des personnes dans le premier cas, des francs et des mètres dans le second. Dans les deux cas, le quotient représente des francs, comme le dividende. Donc, en général, quand le dividende et le diviseur sont de nature différente, le quotient est de la nature du dividende.

2° *La division sert à trouver combien de fois une quantité est contenue dans une autre de même es-*

pèce. Exemple : 1 litre d'huile coûte 3 francs. Combien aura-t-on de litres d'huile pour 72 francs ? — Autant de fois 3 francs est contenu dans 72 francs, autant de litres on aura. Il faut diviser 72 par 3. — Dans ce cas, le dividende et le diviseur sont de même espèce, ils représentent l'un et l'autre des francs; mais le quotient est de nature différente, il représente des litres. Il faut donc, quand on fait une division, ne pas perdre de vue la nature de la quantité que l'on recherche, car la nature du dividende ne nous renseigne pas toujours à ce sujet.

3° *D'une manière générale, la division sert, lorsqu'on connaît un produit et l'un de ses facteurs, à trouver l'autre facteur.* Exemple: A 4 francs par journée, une personne a gagné 72 francs. Combien a-t-elle fait de journées ? — Si l'on connaissait le nombre de journées, en multipliant ce nombre par 4, prix d'une journée, on devrait obtenir 72 francs. 72 est donc le produit d'un facteur connu 4 et d'un facteur inconnu, qui est le nombre de journées. Pour avoir ce nombre de journées, il faut diviser le produit 72 par le facteur connu 4.

Questionnaire.

1. Combien de chiffres sépare-t-on sur la gauche du dividende ? — Comment reconnaît-on que le chiffre essayé au quotient est trop fort, trop faible, convenable? — Que faut-il faire après avoir trouvé un chiffre du quotient ? — 2. Énoncez la règle à suivre dans la division. — 3. Qu'appelle-t-on dividendes partiels ? — Comment détermine-t-on le nombre de chiffres que doit avoir le quotient ? — 4. Que fait-on lorsqu'un dividende partiel ne contient pas le diviseur? — 5. Donnez les diverses définitions de la division. — 6. De quelle manière abrége-t-on les essais qui donnent chaque chiffre du quotient ? — 7. Comment se fait la division lorsque le dividende et le diviseur sont terminés par

des zéros? — Sur quel principe est fondée cette méthode? — 8. Qu'appelle-t-on reste d'une division? — Pourquoi doit-il être plus petit que le diviseur? — 9. Comment se fait la preuve par la multiplication quand il n'y a pas de reste et quand il y a un reste? — 10. Comment se fait la preuve par 9 quand il n'y a pas de reste et quand il y a un reste? — 11. Citez les principaux cas où il faut faire usage de la division?

Exercices sur la division.

Le dividende est au dessus du trait horizontal, le diviseur est au dessous.

Faire les divisions suivantes :

166. $\frac{4725}{45}$, $\frac{4182}{34}$, $\frac{5427}{27}$, $\frac{21476}{52}$, $\frac{4608}{64}$.

167. $\frac{1806}{21}$, $\frac{1794}{78}$, $\frac{2730}{65}$, $\frac{994}{71}$, $\frac{2075}{83}$.

168. $\frac{147492}{241}$, $\frac{22176}{352}$, $\frac{23004}{426}$, $\frac{22528}{704}$, $\frac{150348}{561}$.

169. $\frac{101943}{423}$, $\frac{107304}{526}$, $\frac{214312}{712}$, $\frac{424008}{604}$, $\frac{161910}{315}$.

170. $\frac{50014}{1471}$, $\frac{161024}{2516}$, $\frac{2489023}{4421}$, $\frac{242536}{3416}$, $\frac{165478}{527}$.

171. $\frac{4027}{141}$, $\frac{15918}{274}$, $\frac{62042}{371}$, $\frac{74612}{452}$, $\frac{85627}{918}$.

172. $\frac{142915}{8721}$, $\frac{627414}{7636}$, $\frac{841965}{4701}$, $\frac{947210}{6721}$, $\frac{254052}{5919}$.

173. $\frac{61284}{347}$, $\frac{514279}{1457}$, $\frac{630007}{1608}$, $\frac{700002}{908}$, $\frac{809070}{879}$.

Faire la preuve par la multiplication, et la preuve par 9.

Problèmes sur la division.

174. Partager 79425 en 45 parties égales.

175. Combien de fois 153 est-il contenu dans 4131 ?

176. Rendre 9112 34 fois plus petit.

177. Le produit de 54 par un autre facteur est 4374. Quel est cet autre facteur ?

178. Par quel nombre faut-il multiplier 21 pour obtenir 1407 ?

179. Combien de fois plus grand faut-il rendre le nombre 68 pour obtenir 2924 ?

180. On obtient environ 1 kilogramme d'huile de 6^{kg} d'olives. Combien d'huile fourniront 2544^{kg} d'olives ?

181. Il a fallu 4375 carreaux de brique pour carreler 7 appartements pareils. Combien en comprend chaque appartement?

182. 364 moutons ont fourni 6552 kilogrammes de viande nette. Quel est le rendement par tête ?

183. Le rapport de 67 ruches est de 1407 francs par an. Que rapporte une ruche ?

184. En 36 heures une fontaine a rempli un bassin contenant 44928 litres. Combien de litres d'eau la fontaine fournit-elle par heure ?

185. Sur 4464 francs à répartir également entre 72 personnes, que revient-il à chacune?

186. Le prix de 164 kilogrammes de cocons est de 1148 francs. Quel est le prix du kilogramme ?

187. Un mur de clôture de 215 mètres de longueur revient à 1720 francs. Dire le prix du mètre.

188. 157 oliviers ont donné 1884 litres d'huile. Quel est le rendement d'un seul arbre ?

189. On a retiré 201 francs pour le prix de 67 journées de travail. Dire le prix d'une journée.

190. Une machine à vapeur dépense en combustible 3915 francs pour 145 jours de travail. Quelle est la dépense par jour?

191. On compte 29 tuiles pour chaque rangée d'une toiture. Le nombre total des tuiles est de 5017. Combien la toiture a-t-elle de rangées ?

192. Un expéditeur de fruits a envoyé à Paris, dans le courant de la saison, 6308 douzaines d'abricots en 83 corbeilles égales. Combien de douzaines y en avait-il dans chaque corbeille ?

193. La soie vaut 103 francs le kilogramme. Quelle quantité de soie aura-t-on pour 7004f ?

194. On veut répartir également sur 17 wagons une charge totale de 77571 kilogrammes. Déterminer la charge d'un wagon.

195. Combien faudra-t-il de fûts de 525 litres chacun pour contenir 4725l de vin ?

196. Pour reboiser une montagne, un forestier sème 345 glands de chêne par jour. Combien de jours mettra-t-il au semis de 19320 glands ?

197. Pour 216 litres de semence on a récolté 3024l de froment. Combien de fois la récolte a-t-elle reproduit la semence ?

198. Entre combien de personnes a été partagée une somme de 2394 francs, sachant que la part de chacune a été de 57f.

199. Une machine consomme 1265 kilogrammes de houille par journée de travail. Pour combien de jours a-t-elle de combustible avec une provision de 43010kg de houille ?

200. Les bateaux à vapeur les plus rapides parcourent en un jour une distance de 144 lieues. Combien un de ces bateaux mettrait-il de jours pour traverser l'Atlantique sur une largeur de 1872 lieues et passer d'Europe en Amérique ?

201. Un kilogramme d'or monnayé vaut 3100 francs. Que pèse une somme en or de la valeur de 207700f ?

202. Une imprimerie doit en 25 jours fournir 114500 feuilles d'impression. Combien doit-elle en faire par jour ?

203. Des ouvriers gagnent 96 francs par mois chacun. La totalité du salaire pour un mois de travail est de 2304f. Combien sont-ils ?

204. Le fleuve dont le cours est le plus long est le Missisipi, dans l'Amérique du Nord. Sa longueur est de 6590000 mètres. Combien de jours ses eaux emploient-elles pour se rendre de la source à la mer, à raison de 86400m par jour ?

205. Dans une commune, 368 habitants se cotisent à parts égales pour l'établissement d'une fontaine qui doit coûter 17296 francs. Quelle est la quote-part de chacun ?

Problèmes sur les quatre règles.

206. Un travail commencé à 7 heures du matin s'est terminé à 4 heures du soir. Combien ce travail a-t-il pris d'heures?

207. En général, un piéton sans charge fait 125 pas à la minute et parcourt 6000 mètres par heure. Combien ces 6000 mètres représentent-ils de pas?

208. Rome a été fondée 753 ans avant notre ère. Combien d'années compte-t-on maintenant depuis la fondation de Rome?

209. Le mont Blanc et le mont Rose, dans les Alpes, ont ensemble une hauteur de 9446 mètres. Le mont Blanc a 174^{m} de plus que le mont Rose. Calculer la hauteur de chacune des deux montagnes.

210. Pour nous venir du soleil, éloigné de 38000000 de lieues, la lumière met 8 minutes et 13 secondes, en tout 493 secondes. Combien de lieues la lumière franchit-elle par seconde?

211. Un entrepreneur s'engage à faire exécuter pour 814 francs un travail qui doit employer pendant 12 jours 14 ouvriers payés 4^{f} par journée. Quel sera son bénéfice?

212. Le contre-maître d'une fabrique a 4242 francs d'appointements par an. Que gagne-t-il par jour de travail, en supposant que l'usine chôme 62 jours sur les 365 jours de l'année?

213. On évalue qu'une nichée de moineaux détruit par jour environ 240 chenilles. Si dans la commune il se trouve 500 nichées, quelle est la quantité de chenilles détruite en 3 semaines?

214. Paul, dont les contributions s'élèvent à 112 francs, en a payé au percepteur d'abord le quart. Il a fait plus tard deux paiements : l'un de 30^{f}, l'autre de 14^{f}. Que doit-il encore?

215. Un fermier a acheté 86 dindes qui lui ont coûté 2 francs pièce. Il a dépensé 53^{f} pour les élever; 8 ont péri de maladie et les autres ont été vendues 6^{f} pièce. Quel est le bénéfice?

216. 1000 kilogrammes de savon blanc de Marseille contiennent 452^{kg} d'humidité. A combien se réduiraient ces 1000^{kg} si le savon était parfaitement sec?

217. Tous les quatre ans, l'année est bissextile, c'est-à-dire compte 366 jours, au lieu de 365. Combien de jours embrasse une période de 4 années consécutives ?

218. Pour 150 francs, on a 42 volumes de deux prix différents. 24 coûtent 4f pièce. Dire le prix de chacun des autres.

219. Un ballot de la valeur de 864 francs contient 36 douzaines de paires de bas. Que vaut la paire ?

220. Un champ de 253 mètres de longueur doit être labouré en 147 sillons. Quelle distance aura parcourue l'attelage à la fin du labour ?

221. Une maison dont on paie 2500 francs de loyer à son propriétaire est louée à 17 sous-locataires qui paient 45 francs par trimestre chacun. Quel est le bénéfice du locataire principal s'il fait dans l'an pour 180f de réparations ?

222. En échange d'une pièce de velours de 17 mètres, un marchand reçoit de son fournisseur une pièce de drap de 28m. Le velours vaut 31 francs le mètre et le drap 26f. Qui des deux doit à l'autre et combien ?

223. Le poids d'une charrette vide à 2 chevaux se décompose ainsi : roues, 510 kilogrammes ; essieu, 90kg ; corps de la charrette, 300kg. Chargée, elle pèse en tout 2877kg. Quelle est la charge utile par cheval ?

224. 245 kilogrammes de farine ont fourni 114 pains de 3kg chacun. Quel est l'excédant en poids du pain sur la farine ? (Cet excédant provient de l'eau nécessaire au pétrissage.)

225. On doit se libérer d'une dette de 768 francs en trois paiements : le premier sera de 246f, le second sera moitié moindre. Quel sera le troisième ?

226. Partager 1144 francs entre deux personnes de manière que l'une ait 7 fois plus que l'autre.

227. Un bassin de 6624 litres de capacité reçoit par heure 1852l d'eau d'une fontaine, tandis qu'il en perd dans le même temps 1564l par une ouverture. En combien d'heures sera-t-il rempli ?

228. Louis sort avec 240 francs dans la poche pour faire diverses emplettes. Il laisse le quart de la somme chez un premier marchand, le tiers chez un second, enfin le cinquième chez un autre. En rentrant, quelle somme a-t-il ?

229. Un cheval non chargé parcourt au petit pas une distance de 4586 mètres en une heure, et au grand trot

une distance de 13400m. En 3 heures, quelle longueur parcourrait-il au grand trot de plus qu'au petit pas ?

230. En tournant autour du soleil, la terre parcourt environ 27000 lieues par heure. Elle met un an ou 365 jours de 24 heures pour faire le tour complet, dont on demande la longueur.

231. Une rame de papier comprend 20 mains, et la main contient 25 feuilles. Une personne a besoin de 4000 feuilles de papier. Combien doit-elle acheter de rames ?

232. Un menuisier emploie 3 ouvriers qui lui fabriquent en 30 jours des meubles vendus 700 francs. La valeur des matières premières est de 215f et la journée d'un ouvrier se paie 4f. Quel est le gain du maître menuisier ?

233. Un convoi de chemin de fer transporte 64 voyageurs de 1re classe, 87 de 2e classe et 269 de 3e classe. En 1re classe on paie 7 francs ; en 2e classe, 6f ; en 3e classe, 4f. Trouver la somme payée par l'ensemble des voyageurs.

234. On achète à 1 franc la douzaine 648 oranges, et l'on revend le tout 65f. Que gagne-t-on sur cette vente ?

235. Dans une fabrique de plumes métalliques, 5 ouvrières sont occupées à découper les plumes. Chacune d'elles en découpe ordinairement 300 par minute. La journée étant de 10 heures, combien les 5 ouvrières découpent-elles de plumes en 1 jour ?

236. On confectionne dans un atelier 40 paires de bottines qui se vendent 12 francs la paire. Le prix des journées des ouvriers s'élevant à 50f et la matière première coûtant 340f, quel est le bénéfice du maître d'atelier ?

237. On compte dans une ville 43 fontaines publiques débitant chacune et continuellement 15 litres d'eau par minute. En 24 heures, quelle quantité d'eau fournissent-elles ensemble ?

238. Un marchand achète un tonneau d'huile pesant brut 485 kilogrammes. La tare est de 23 kg et l'huile est payée 1 franc le kilogramme Quelle somme le marchand doit-il débourser s'il lui est fait un rabais de 37f sur le montant de la facture ?

239. En 1861, l'ensemble des chemins de fer exploités représentait une longueur de 13119 lieues pour l'Europe, de 574l pour l'Asie, de 93l pour l'Afrique, de 13597l pour l'Amérique du Nord, de 198l pour l'Amérique du Sud, de 140l pour l'Australie. Mises bout à bout, combien de fois ces voies ferrées feraient-elles le tour de la terre, qui a 10000l de circuit ?

240. L'exécution de l'ensemble de ces voies a coûté 29 milliards et 28 millions. A combien revient en moyenne une lieue de chemin de fer?

241. A cette même époque, l'ensemble des chemins de fer de la France formait une longueur de 2310 lieues. En se basant sur le prix moyen d'une lieue du problème précédant, calculer la somme dépensée à leur construction.

CHAPITRE IX

Nombres décimaux

1. ORIGINE DES FRACTIONS DÉCIMALES. On se propose, par exemple, d'évaluer la longueur d'une table. On porte l'unité de longueur, le mètre, sur la dimension à mesurer autant de fois qu'elle peut y être contenue. On trouve que le mètre est contenu 3 fois dans la longueur de la table avec un reste moindre que le mètre. Comment évaluer ce reste ? On divise le mètre en *dix parties égales* appelées *dixièmes*, et l'on cherche combien de fois une de ces parties est contenue dans le reste. Si elle y est contenue 4 fois, on dit que la longueur de la table est de 3 mètres et 4 dixièmes de mètre.

Mais il peut se faire qu'avec le dixième de mètre pour mesure, il y ait encore un reste. Alors le dizième de mètre est à son tour divisé en dix parties égales, qui prennent le nom de *centièmes*, parce qu'une de ces parties est contenue 100 fois dans l'unité principale, le mètre. En effet, si le mètre est divisé en 10 parties égales ou dixièmes, et que chaque dixième soit subdivisé en dix parties égales, il y a évidemment dans le mètre 10 fois 10 ou 100 de ces dernières parties.

Avec le centième de mètre pour mesure, il peut encore arriver que le reste de la longueur de la table ne puisse s'évaluer avec exactitude et laisse un excédant moindre que le centième. On est donc conduit à faire pour le centième de mètre ce que l'on a déjà fait pour le dixième de mètre et pour le mètre, c'est-à-dire à subdiviser ce centième en 10 parties égales, qui, étant contenues chacune 10 fois 100 ou 1000 fois dans le mètre, prennent, pour ce motif, le nom de *millièmes* de mètre.

On est conduit pareillement, pour obtenir dans la mesure de la longueur tel degré de précision que l'on veut, à diviser le millième de mètre en 10 parties égales, qui, étant contenues chacune 10 fois 1000 ou 10000 fois dans le mètre, prennent le nom de *dix-millièmes*. Le dix-millième, à son tour, se subdivise en 10 *cent-millièmes* ; et le cent-millième en 10 *millioniènes*, etc.

2. Division de l'unité principale en unités secondaires de 10 en 10 fois plus petites. Ce que nous venons de dire de l'unité de longueur, le mètre, s'applique à toute espèce d'unité, quelle que soit sa nature. Toute unité se divise en 10 parties égales ou *dixièmes*. Le dixième se divise en 10 parties égales appelées *centièmes*. Le centième se divise en 10 parties égales appelées *millièmes*. Le millième se divise en 10 parties égales appelées *dix-millièmes*, etc., etc.

L'unité vaut ainsi 10 dixièmes, ou 100 centièmes, ou 1000 millièmes, ou 10000 dix-millièmes, etc., etc.

Le dixième est 10 fois moindre que l'unité, le centième est 10 fois moindre que le dixième. le millième est 10 fois moindre que le centième, etc.

3. Rang que doit occuper chaque subdivision dans l'écriture numérique. Nous avons vu que la numération écrite est basée sur ce principe, savoir :

un chiffre placé à la droite d'un autre exprime des unités d'un ordre 10 fois moindre. C'est ainsi qu'après les mille viennent, à droite, les centaines, qui valent 10 fois moins ; qu'après les centaines viennent les dizaines, qui valent 10 fois moins. Ce principe est parfaitement applicable aux diverses unités secondaires provenant des subdivisions de l'unité principale. Ainsi les dixièmes, 10 fois moindres que l'unité, doivent s'écrire à la droite du chiffre des unités. Les centièmes, dix fois moindres que les dixièmes, doivent s'écrire à la droite du chiffre des dixièmes ; les millièmes, dix fois moindres que les centièmes, doivent s'écrire à la droite du chiffre des centièmes, etc., etc.

Pour indiquer où commencent les subdivisions de l'unité principale, on met une virgule après le chiffre des unités simples.

Le premier chiffre à droite de cette virgule représente les dixièmes, le second représente les centièmes, le troisième représente les millièmes, le quatrième représente les dix-millièmes, etc.

Ainsi le nombre 4,6 se lit : 4 unités et 6 dixièmes. Le nombre 3,07 se lit : 3 unités et 7 centièmes. Le nombre 2,008 se lit : 2 unités et 8 millièmes.

Si le nombre ne contient pas d'unités simples, on met un zéro en avant de la virgule. Ainsi le nombre 0,3 se lit : 3 dixièmes ; le nombre 0,009 se lit : 9 millièmes.

On appelle *nombre décimal* tout nombre composé de deux parties : l'une, à gauche de la virgule, exprimant des unités, et l'autre, à droite, exprimant des subdivisions de l'unité de 10 en 10 fois plus petites. La partie à gauche de la virgule est ce qu'on nomme la *partie entière*, parce qu'elle exprime des unités entières, des unités non subdivisées ; la partie à droite de la virgule s'appelle la *partie décimale*, parce qu'elle représente des subdivisions de l'unité de 10 en 10 fois moindres. Cette dernière partie s'appelle encore *fraction décimale*. Le mot fraction dérive d'un mot signifiant diviser, partager. *On appelle fraction une ou plusieurs parties de l'unité divisée en parties égales.* Si la division se fait en 10 parties, en 100, en 1000 etc., la fraction est qualifiée de *décimale*, parce qu'elle est basée sur le diviseur 10.

Quand un nombre décimal ne contient pas de partie entière, c'est-à-dire lorsqu'il a zéro à la gauche de la virgule, on le nomme *fraction décimale*.

4. Lecture d'un nombre décimal. Soit le nombre décimal 3,45. En se rappelant que le premier chiffre après la virgule représente des dixièmes et le second des centièmes, on lira ce nombre : 3 unités, 4 dixièmes et 5 centièmes. Mais on peut, comme il suit, abréger la lecture : 1 dixième vaut 10 centièmes ; 4 dixièmes valent donc 40 centièmes, qui, avec les 5 centièmes suivants, font 45 centièmes. Le nombre peut donc se lire : 3 unités, 45 centièmes.

Soit encore le nombre 2,324. On pourrait le lire : 2 unités, 3 dixièmes, 2 centièmes et 4 millièmes. Mais les 3 dixièmes valent 30 centièmes, qui valent à leur tour 300 millièmes. De même les 2 centièmes valent 20 millièmes. On peut donc, plus rapidement, lire le nombre : 1 unité, 324 millièmes. Un raisonnement pareil nous montrerait que 4,026 se lit : 4 unités, 26 millièmes ; que 0,0523 se lit : 523 dix-millièmes.

5. Règle. De ces divers exemples résulte la règle que voici : *Pour lire un nombre décimal, on énonce d'abord la partie entière. On lit ensuite la partie décimale de la même manière qu'un nombre ordinaire ; et, à la suite de l'énoncé, on ajoute* DIXIÈMES

s'il n'y a qu'un seul chiffre après la virgule, CENTIÈMES, *s'il y en a deux,* MILLIÈMES *s'il y en a trois,* DIX-MILLIÈMES *s'il y en a quatre,* etc.

Ainsi :

4,027	se lit :	4 unités, 27 millièmes.
53,251		53 unités, 251 millièmes.
0,0474		474 dix-millièmes.
152,27		152 unités, 27 centièmes.
0,006424		6424 millionièmes.

Un autre genre de lecture est encore en usage. Soit le nombre 3,27. Remarquons que les trois unités valent 300 centièmes, qui, avec les 27 centièmes suivants font 327 centièmes. Le nombre proposé peut donc se lire : 327 centièmes. De même 1,4 se lit : 14 dixièmes; 2,452 se lit : 2452 millièmes. Donc *on lit le nombre comme s'il n'y avait pas de virgule, et, à la suite de l'énoncé, on dit* DIXIÈMES *s'il n'y a qu'un seul chiffre après la virgule,* CENTIÈMES *s'il y en a deux,* MILLIÈMES *s'il y en a trois,* etc.

6. ÉCRITURE D'UN NOMBRE DÉCIMAL. Si le nombre décimal est énoncé en deux parties, la partie entière et la partie décimale, *on écrit d'abord la partie entière, à la suite de laquelle on met une virgule; puis, à la droite de la virgule, on écrit la partie décimale, en ayant soin que le dernier chiffre soit au rang indiqué par l'énoncé.*

Ce rang est le premier, après la virgule, pour les dixièmes, le second pour les centièmes, le troisième pour les millièmes, le quatrième pour les dix-millièmes, etc. La partie décimale est donc nécessairement composée d'un seul chiffre, s'il s'agit de dixièmes, de deux chiffres s'il s'agit de centièmes, de trois chiffres s'il s'agit de millièmes, etc.

Soit à écrire 4 unités et 27 centièmes. Puisqu'il s'agit de centièmes, il faut deux chiffres à la partie décimale. Ces deux chiffres sont précisément donnés par le nombre lui-même. On écrit donc 4,27.

Il peut se faire que l'énoncé ne fournisse pas lui-même le nombre de chiffres nécessaires pour atteindre le rang voulu. *On fait* alors *précéder les chiffres significatifs d'autant de zéros qu'il est nécessaire pour atteindre ce rang.*

Soit à écrire 2 unités et 41 millièmes. Puisqu'il s'agit de millièmes, il faut trois chiffres à la partie décimale. Mais le nombre proposé n'en fournit que deux. Il faut alors faire précéder d'un zéro ces deux chiffres pour atteindre le rang des millièmes ou le troisième. On écrit donc 2,041.

Soit enfin 56 millionièmes. Il n'y a pas de partie entière. Nous écrirons donc 0 avant la virgule. En outre, les millionièmes exigent six chiffres, et, comme le nombre proposé n'en fournit que deux, nous ferons précéder ces deux chiffres de quatre zéros. On écrit donc 0,000056.

S'il est énoncé en une seule fois, on écrit le nombre tel qu'il est énoncé, sans se préoccuper de sa nature décimale ; puis, à partir de la droite, on sépare par une virgule un seul chiffre s'il s'agit de dixièmes, deux s'il s'agit de centièmes, trois s'il s'agit de millièmes, etc.

Soit à écrire 327 centièmes. On écrit 327 comme s'il était question d'unités simples ; mais, comme il s'agit de centièmes, on sépare deux chiffres par une virgule à partir de la droite, et l'on a 3,27.

Soit encore 1407 millièmes. On écrit 1407 et l'on sépare les trois derniers chiffres par une virgule ; ce qui donne 1,407.

Soit enfin 148 dix-millièmes. — On écrit 148, et comme il s'agit de dix-millièmes, il faut à partir de la droite séparer 4 décimales par une virgule. Le nombre n'ayant que trois chiffres, on écrit un zéro à gauche, puis une virgule et enfin un zéro qui tient la place des unités absentes. On a ainsi 0,0148.

7. DES ZÉROS ÉCRITS A LA DROITE D'UN NOMBRE DÉCIMAL N'EN CHANGENT PAS LA VALEUR. En effet, 4 dixièmes, par exemple, valent 40 centièmes, ou 400 millièmes, ou 4000 dix-millièmes. On peut donc écrire indifféremment 0,4 ou 0,40 ou 0,400 ou 0,4000., etc., car ces nombres ont même valeur. D'une manière générale : si l'on écrit un zéro, deux, trois à la droite d'un nombre décimal, on lui fait exprimer des unités d'un ordre 10 fois, 100 fois, 1000 fois plus petit, mais en compensation ces unités sont en nombre 10 fois, 100 fois, 1000 fois plus grand; la valeur ne change donc pas.

Il résulte de là que, *si un nombre décimal est terminé par des zéros, il est inutile d'en tenir compte.* Ainsi 1,400 se lit : 1 unité et 4 dixièmes; ou, plus simplement, 14 dixièmes.

8. MULTIPLICATION D'UN NOMBRE DÉCIMAL PAR 10, 100, 1000, etc. *Pour rendre un nombre décimal* 10 *fois,* 100 *fois,* 1000 *fois plus fort, il suffit d'avancer la virgule d'un rang, de deux, de trois vers la droite, enfin d'autant de rangs qu'il y a de zéros dans le multiplicateur.*

Si dans le nombre 3,456 on avance la virgule de deux rangs vers la droite, on obtient 345,6. Il faut établir que ce second nombre est 100 fois plus fort que le premier. Comparons, en effet, chiffre par chiffre, les deux nombres :

3,456 et 345,6

Dans le premier, le chiffre 3 exprime des unités ; dans le second, il exprime des centaines, dont la valeur est 100 fois plus forte. Dans le premier, le chiffre 4 exprime des dixièmes; dans le second, il exprime des dizaines, dont la valeur est 100 fois plus forte. Dans le premier, le chiffre 5 exprime des centièmes ; dans le second, il exprime des unités, dont la valeur est 100 fois plus forte. Enfin, dans le premier, le chiffre 6 exprime des millièmes, et dans le second, il exprime des dixièmes, dont la valeur est 100 fois plus forte. Ainsi, par le déplacement de la virgule de deux rangs vers la droite, chaque chiffre significatif du premier nombre a acquis une valeur 100 fois plus forte. Le nombre en entier est donc devenu 100 fois plus fort, ou bien a été multiplié par 100.

Veut-on multiplier 2,45 par 10? on avance la virgule d'un rang vers la droite et l'on a 24,5, nombre 10 fois plus fort que le nombre proposé.

Veut-on multiplier 0,4572 par 1000? on avance la virgule de trois rangs vers la droite et l'on a 457,2, nombre 1000 fois plus fort que le nombre proposé.

Veut-on multiplier 5,024 par 1000000 ? il faudrait avancer la virgule de six rangs vers la droite, et le nombre proposé n'a que trois chiffres à sa partie décimale. Mais rien n'empêche d'écrire des zéros à la droite de ce nombre, puisque ces zéros n'en changent pas la valeur. Écrivons trois zéros. Le nombre, sans changer de valeur, devient 5,024000. Maintenant nous pouvons avancer la virgule de six rangs et nous avons pour le résultat demandé : 5024000. Il est inutile d'écrire la virgule à la suite du chiffre des unités puisqu'il n'y a pas de partie décimale.

9. Division d'un nombre entier par 10, 100, 1000, etc. *On divise un nombre entier par* 10, 100, 1000, *etc., en séparant sur sa droite, par une virgule, autant de chiffres qu'il y a de zéros dans le diviseur.* Si dans le nombre 357 on sépare sur la droite deux chiffres par une virgule, on a 3,57, nombre 100 fois plus faible que le nombre proposé. La comparaison, chiffre à chiffre, des deux nombres le démontre.

357 3,57

Dans le premier, le chiffre 3 exprime des centaines; dans le second, le même chiffre 3 exprime des unités, dont la valeur est 100 fois moindre. Le chiffre 5, dans le premier nombre, exprime des dizaines; dans le second, il exprime des dixièmes, dont la valeur est 100 fois moindre. Le chiffre 7, dans le premier nombre, exprime des unités; dans le second, il exprime des centièmes, dont la valeur est 100 fois moindre. Ainsi, par l'effet de la virgule séparant les deux derniers chiffres, chacun des chiffres significatifs du premier nombre ne représente plus que des unités 100 fois moindres. Le nombre en entier est donc rendu 100 fois moindre, ou bien a été divisé par 100.

S'il faut diviser 428 par 10, on sépare un chiffre par une virgule et l'on a 42,8, nombre 10 fois moindre que le nombre proposé.

S'il faut diviser 5403 par 1000, on sépare trois chiffres et l'on a 5,403, nombre 1000 fois moindre que le nombre proposé, et ainsi de suite.

Une difficulté peut se présenter. Soit à diviser 47 par 10000. Il faudrait séparer quatre chiffres par une virgule, et le nombre proposé n'en a que deux. Mais rien ne s'oppose à ce que l'on écrive des zéros à la gauche de ce nombre entier, car ces zéros n'apportent aucun changement à la valeur du nombre. Écrivons donc 00047 qui a même valeur que 47, et séparons quatre chiffres, nous aurons 0,0047 pour le résultat demandé.

10. DIVISION D'UN NOMBRE DÉCIMAL PAR 10, 100, 10000, etc. *Pour diviser un nombre décimal par* 10, 100, 1000, *etc., on avance la virgule d'autant de rangs vers la gauche qu'il y a de zéros dans le diviseur*. Si dans le nombre 342,7, on avance la virgule de deux rangs vers la gauche, on a 3,427, nombre 100 fois moindre que le nombre proposé. En effet, chaque chiffre significatif représente des unités 100 fois moindres que dans le premier nombre. On le démontrerait par un raisonnement en tout semblable au précédent.

Soit à rendre 10 fois moindre le nombre 4,5. Il faut avancer la virgule d'un rang vers la gauche, et comme alors il n'y a plus d'unités, on écrit un zéro à leur place. On a ainsi 0,45.

S'il n'y a pas assez de chiffres pour pouvoir reculer la virgule d'un nombre suffisant de rangs, on écrit des zéros à gauche. Soit à diviser 41,7 par 1000. Il faut avancer la virgule de trois rangs vers la gauche. On écrit donc un zéro pour le troisième rang qui manque, et un second pour les unités absentes. On a de la sorte : 0,0417.

Questionnaire.

1. Qu'appelle-t-on dixième, centième, millième, etc. ? — 2. Combien l'unité vaut-elle de dixièmes, de centièmes, de millièmes, etc. ? — 3. Quel rang dans l'écriture numérique occupent les dixièmes, les centièmes, les millièmes, etc. ? — Qu'est-ce qu'un nombre décimal ? — Qu'est-ce qu'une fraction décimale ? — 4. Comment lit-on un nombre décimal ? — 5. Comment peut-on le lire encore ? — 6. Comment écrit-on

un nombre décimal ? — Que fait-on si l'énoncé ne renferme pas lui-même le nombre de chiffres nécessaires pour atteindre le rang voulu ? — 7. Des zéros écrits à la droite d'un nombre décimal changent-ils la valeur de ce nombre ? — 8. Comment multiplie-t-on un nombre décimal par 10, 100, 1000, etc. ? — 9. Comment divise-t-on un nombre entier par 10, 100, 1000, etc. ? — 10. Comment divise-t-on un nombre décimal par 10, 100, 1000, etc ?

Exercices sur la numération des nombres décimaux.

Lire les nombres suivants et les écrire en lettres :

242.	4,35	244.	21,002136	246.	114,615
	3,04		0,200007		204,0016
	5,005		0,408505		27,007016
	0,024		11,0809		1,10101
	1.0007		0,1504		2,0000008
243.	0,0147	245.	0,252	247.	6,0754
	21,13		0,054		7,918
	0,01		0,1012		8,0405
	0,008		0,00452		0,4308
	15,135		0,04678		0,0071

Exprimer en chiffres les nombres suivants :

248. Deux unités, vingt-quatre centièmes.
Douze unités, soixante-huit millièmes.
Sept unités, quatre dixièmes.
Vingt-trois unités, cent vingt-un millièmes
Dix-sept unités, quatorze centièmes

249. Dix-huit centièmes.
Cent soixante-deux dix-millièmes.
Trois unités, six cent quatre-vingt-quatre cent-millièmes.
Quatre-vingt-dix-sept millionièmes.
Sept unités, onze millièmes.

250 Vingt-cinq millièmes
Deux unités, quarante-cinq centièmes
Une unité, quinze dix-millièmes
Cinquante-trois cent-millièmes.
Trente-deux millièmes.

251. Cent douze unités, huit cent quatre millionièmes.
Trente-deux cent millièmes.
Quatre dix-millièmes.
Quarante-sept centièmes.
Septante-trois dixièmes.

252. Cinquante-deux dixièmes.
Cent vingt-huit centièmes
Six cent trois dixièmes.
Quatre mille vingt-huit millièmes.
Cinq mille cinq cent trois centièmes.

253. Trois mille onze millièmes.
Quinze mille trois dix-millièmes.
Six cent mille vingt-huit cent-millièmes.
Neuf cent douze dixièmes.
Quatorze mille deux cent trois millièmes.

254. Rendre 10, 100, 1000, 10000 fois plus forts les nombres suivants :
3,45
0,063
1,87645
0,009
7,8

255. Rendre 10, 100, 1000, 10000 fois plus faibles les nombres suivants :
34512,5
6724,27
471
18,1
745692.

CHAPITRE X

Addition et soustraction des nombres décimaux

1. RÈGLE. *Pour faire la somme de plusieurs nombres décimaux, on les écrit les uns au dessous*

des autres de manière que les unités de même ordre soient sur la même ligne verticale, dixièmes sous dixièmes, centièmes sous centièmes, etc. On commence alors par la droite et l'on fait l'addition comme s'il s'agissait de nombres ordinaires. Au total, on met une virgule qui corresponde à la rangée des virgules des nombres additionnés.

Soit à faire la somme des nombres 23,15 + 0,7 + 2,145 + 4,6472. La seule difficulté consiste à bien écrire les nombres, de façon que les unités de même ordre soient sur la même rangée verticale. Si l'on a soin de faire correspondre les virgules sur une même file, les divers chiffres prennent le rang qui leur convient. On peut en débutant, pour faciliter le régulier arrangement des chiffres, mettre des zéros ou des points à la droite des nombres décimaux, afin que tous les rangs soient occupés; mais il faut s'habituer à se passer de cet inutile échafaudage. En complétant par des points les rangées, les nombres proposés s'écriraient ainsi :

```
23,15..
 0,7...
 2,145.
 4,6472
```

Ces points deviennent inutiles si les nombres sont écrits avec la régularité voulue, et l'on a :

```
23,15
 0,7
 2,145
 4,6472
-------
30,6422
```

Commençant par la droite, on dit: 2; 5 et 7 font 12, je pose 2 et je retiens 1. 1 de retenue et 5 font 6, et 4 font 10, et 4 font 14. Je pose 4 et je retiens 1. 1 de retenue et 1 font 2, et 7 font 9, et 1 font 10, et 6 font 16. Je pose 6 et retiens 1, etc., etc. Le total obtenu, on met une virgule sous la file des virgules des nombres additionnés.

La raison des retenues que l'on fait d'une colonne à l'autre, s'il y a lieu, est évidente. Quand, par exemple, on a trouvé 12 à la colonne des millièmes, on écrit 2 millièmes et l'on retient 10 millièmes, qui valent 1 centième, pour reporter ce centième à la colonne des centièmes. Enfin, quand on a trouvé 16 à la colonne des dixièmes, on écrit 6 dixièmes et l'on retient 10 dixièmes, qui valent 1 unité, pour reporter cette unité à la colonne des unités.

2. PREUVE DE L'ADDITION DES NOMBRES DÉCIMAUX. La preuve de l'addition des nombres décimaux se fait comme celle des nombres ordinaires. On peut recommencer l'addition en allant de bas en haut, on peut employer la preuve par 9. Nous donnerons un exemple de celle-ci :

14,52	3
0,007	7
3,61	1
5,2708	4
23,4078	6

Négligeant les 9 et les chiffres qui entre eux font 9, on a pour le premier nombre : 1 et 2 font 3, que l'on écrit en face. Pour le second, on a 7. Pour le troisième, 1. Pour le quatrième, 5 et 8 font 13 ; 1 et 3 font 4. On ajoute ces restes : 3 et 7 font 10, et 1 font 11, et 4 font 15. 1 et 5 font 6, que l'on écrit sous la colonne des restes.

Si l'addition est bonne, le total doit donner 6 pour reste. En effet, en négligeant 2 et 7 qui font 9, on a : 3 et 4 font 7, et 8 font 15. 1 et 5 font 6.

3. SOUSTRACTION DES NOMBRES DÉCIMAUX. RÈGLE. *On écrit le plus petit nombre sous le plus grand, de manière que les unités de même ordre soient sur la même rangée verticale, et, commençant par la droite, on opère comme sur des nombres ordinaires. Au reste, on met une virgule qui corresponde à la rangée des virgules des deux nombres proposés.*

Proposons-nous de soustraire 3,547 de 14,382. On écrit les deux nombres comme suit :

$$\begin{array}{r} 14,382 \\ 3,547 \\ \hline 10,835 \end{array}$$

et l'on dit : 7 ôtés de 12, il reste 5 et je retiens 1. 1 de retenue et 4 font 5 ; 5 ôtés de 8, il reste 3. 5 ôtés de 13, il reste 8 et je retiens 1. 1 de retenue et 3 font 4 ; 4 ôtés de 4, il reste 0. 0 ôté de 1, il reste 1.

7 ne pouvant se retrancher du chiffre correspondant 2, on augmente ce chiffre de 10 millièmes, et l'on dit : 7 ôtés de 12, il reste 5. Pour compenser les 10 millièmes dont le nombre supérieur vient d'être augmenté, on augmente le nombre inférieur de 1 centième, qui vaut 10 millièmes, et l'on dit 1 et 4 font 5. Tel est le motif qui fait retenir 1 après la soustraction des millièmes. Et ainsi de suite.

4. CAS OU LES CHIFFRES DÉCIMAUX NE SONT PAS EN MÊME NOMBRE. Comme il faut soustraire chaque chiffre du nombre inférieur du chiffre correspondant supérieur, une difficulté se présente quand à certains chiffres du nombre inférieur il ne correspond rien. Soit,

par exemple, à soustraire 3,428 de 8,6. De quels chiffres retrancherons-nous 8 et 2 qui n'ont pas de chiffres correspondants dans le plus grand nombre? Dans ce cas, *on écrit à la droite du plus grand nombre autant de zéros qu'il en faut pour qu'il y ait parité de décimales entre les deux nombres proposés*. On a vu que les zéros écrits à la droite d'un nombre décimal ne changent pas la valeur de ce nombre.

$$\begin{array}{r} 8,600 \\ 3,428 \\ \hline 5,172 \end{array}$$

On dit, une fois les zéros complémentaires écrits : 8 ôtés de 10, il reste 2 et je retiens 1. 1 de retenue et 2 font 3 ; 3 ôtés de 10, il reste 7 et je retiens 1, etc.

Il est plus expéditif de se passer de ces zéros et de faire la soustraction comme s'ils étaient réellement écrits :

$$\begin{array}{r} 5,7 \\ 2,024 \\ \hline 3,676 \end{array}$$

4 ôtés de 10, il reste 6 et je retiens 1. 1 de retenue et 2 font 3 ; 3 ôtés de 10, il reste 7 et je retiens 1. 1 de retenue et 0 font 1 ; 1 ôté de 7, il reste 6, etc., etc.

Si le plus grand nombre ne contient pas de partie décimale, on y supplée par des zéros que l'on écrit, ou mieux que l'on sous-entend.

$$\begin{array}{r} 7 \\ 4,13 \\ \hline 2,87 \end{array}$$

3 ôtés de 10, il reste 7 et je retiens 1. 1 de retenue et

1 font 2; 2 ôtés de 10, il reste 8 et je retiens 1. 1 de retenue et 4 font 5; 5 ôtés de 7, il reste 2.

Enfin si le plus petit nombre a moins de décimales que le plus grand, on le complète au moyen de zéros exprimés ou sous-entendus.

$$\begin{array}{r} 3{,}175 \\ 1{,}4 \\ \hline 1{,}775 \end{array}$$

On dit : 0 ôté de 5, il reste 5. 0 ôté de 7, il reste 7, etc.

5. Preuve de la soustraction des nombres décimaux. Elle se fait absolument comme celle des nombres ordinaires. Le plus petit nombre et le reste, étant ajoutés, doivent reproduire le plus grand nombre.

Questionnaire.

1. Comment se fait l'addition des nombres décimaux ? — 2. Comment se fait la preuve ? — 3. Comment se fait la soustraction des nombres décimaux ? — 4. Que faut-il faire lorsque les chiffres décimaux ne sont pas en même nombre ? — 5. Comment se fait la preuve ?

Exercices sur l'addition et la soustraction des nombres décimaux.

Faire les additions suivantes :

256. 14,03 + 0,8 + 6,27.
257. 8,627 + 0,48 + 1,00045.
258. 14,1 + 128 + 7,431 + 13.
259. 5 + 7,03 + 14 + 8,0047.
260. 0,723 + 0,81 + 0,9 + 0,0849.
261. 142 + 2,27 + 1,1 + 0,347 + 0,0543.
262. 1,8 + 1,09 + 1,007 + 1,0006.
263. 3,4 + 21 + 11 + 0,074.

264. 9,21 + 0,642 + 31 + 0,604 + 7.
265. 1,34515 + 0,02427 + 0,54272 + 0,48.
266. 0,40006 + 2,52 + 0,00007 + 21.
267. 231,627 + 1640,78 + 269,064 + 45,7.
268. 1461,75 + 124,069 + 0,64 + 2,8.
269. 627,007 + 461 + 21,7 + 0,0051.

Faire les soustractions suivantes :

270. 6,27 — 2,49 ; 3,415 — 1,024 ; 2,0267 — 0,9465.
271. 14,12 — 11,29 ; 164,0241 — 28,9047 ; 11,86 — 3,79.
272. 2,14 — 0,147 ; 3,5 — 1,028 ; 5,47 — 2,5 ; 4,528 ; — 3,7.
273. 1,8 — 0,9764 ; 2,3 — 0,781 ; 7,2 — 1,0048.
274. 4,527 — 3,8 ; 7,3207 — 4,01 ; 6,4522 — 3,52.
275. 8 — 0,462 ; 9 — 4,0025 ; 14 — 7,6424.
276. 241 — 13,748 ; 21,7 — 15,000068 ; 6 — 0,000458.
277. 17,1 — 12,62 ; 8,6 — 4,009 ; 1,68 — 0,6008.
278. 0,7 — 0,09 ; 0,11 — 0,0876 ; 0,2 — 0,07461.
279. 0,3 — 0,05421 ; 0,41 — 0,2467 ; 0,2 — 0,160766.

Faire la preuve de ces diverses opérations.

CHAPITRE XI

Multiplication et division des nombres décimaux

1. Règle de la multiplication des nombres décimaux. *Pour faire la multiplication de deux nombres décimaux, on opère comme s'il n'y avait pas de virgule, et l'on sépare au produit autant de décimales qu'il y en a dans les deux facteurs réunis.*

Appliquons cette règle aux nombres 12,045 et 0,17. L'opération revient à multiplier 12045 par 17 sans tenir compte de la virgule.

```
 12,045
   0,17
 ------
  84315
 12045
-------
2,04765
```

Le produit obtenu est 204765. Mais le multiplicande a 3 décimales, le multiplicateur en a 2 ; en tout 5. On sépare donc par une virgule les 5 derniers chiffres du produit.

Soit enfin à multiplier 0,028 par 0,009 :

```
    0,028
    0,009
---------
0,000 252
```

Abstraction faite des virgules, le produit est 252. Maintenant il faut séparer six décimales puisqu'il y en a trois dans le multiplicande et trois dans le multiplicateur. Le produit 252 n'ayant pas assez de chiffres pour donner ces six décimales, on écrit à sa gauche autant de zéros qu'il est nécessaire et l'on a 0,000252 pour produit des deux nombres proposés.

2. DÉMONSTRATION. Proposons-nous de multiplier 4,23 par 5,6. Ne tenons pas compte de la virgule et multiplions 423 par 56. Le produit sera.

```
  423
   56
-----
 2538
2115
-----
23688
```

En effaçant la virgule du multiplicande, ou tout simplement en n'en tenant pas compte, on a rendu le multiplicande 100 fois plus fort. Le produit se trouve donc 100 fois plus fort qu'il ne convient puisque l'on répète un nombre 100 fois trop fort. D'autre part, en ne tenant pas compte de la virgule du multiplicateur, on a rendu ce multiplicateur 10 fois plus fort, et par suite, le produit 10 fois plus fort qu'il ne doit l'être puisque l'on répète le multiplicande 10 fois plus qu'il ne convient.

Le produit se trouve ainsi rendu 100 fois trop fort par la suppression de la virgule au multiplicande, et en outre 10 fois plus fort encore par la suppression de la virgule au multiplicateur. Il se trouve ainsi 10 fois 100 ou 1000 fois trop fort.

Pour le ramener à sa réelle valeur, il faut donc rendre le produit 1000 fois plus petit; ce qui se fait en séparant trois décimales à droite par une virgule, c'est-à-dire autant qu'il y en a dans les deux facteurs réunis. Le produit de 4,23 par 5,6 est ainsi 23,688.

3. PREUVE. On fait la preuve de la multiplication des nombres décimaux absolument comme pour les nombres entiers : en renversant l'ordre des facteurs ou bien en employant la preuve par 9.

4. RÈGLE DE LA DIVISION DES NOMBRES DÉCIMAUX. *Si le dividende et le diviseur n'ont pas le même nombre de décimales, on écrit des zéros à la droite de celui qui en a le moins, pour établir la parité du nombre de décimales. On efface alors la virgule dans les deux termes et l'on fait la division des deux nombres entiers ainsi obtenus. Le quotient de ces deux nombres entiers est le même que le quotient des deux nombres décimaux proposés.*

Il est bien entendu que, s'il y avait parité de décimales dans les deux termes, il suffirait d'effacer la virgule sans préparation préalable.

Appliquons cette règle à la division de 38,1 par 1,524. Le diviseur 1,524 ayant trois décimales, et le dividende 38,1 n'en ayant qu'une, on écrit deux zéros à la droite de celui-ci, qui devient 38,100. On efface alors la virgule et l'on divise le nombre entier 38100 par le nombre entier 1524.

```
38100 | 1524
 3048 |-----
------| 25
  7620|
  7620
 -----
  0000
```

Le quotient des deux nombres entiers est 25. Le quotient des deux nombres décimaux proposés, 38,1 et 1,524 est aussi 25.

(On ne perdra pas de vue que le quotient des deux nombres entiers n'a besoin d'aucune retouche pour représenter le quotient des deux nombres décimaux. Tel qu'il est, il doit rester.)

5. Démonstration. Nous nous proposons-nous de diviser 38,1 par 1,524. — Écrivons deux zéros à la droite du dividende, qui devient ainsi 38,100, nombre ayant même valeur que 38,1. Il s'agit donc de diviser 38,100 par 1,524. — Effaçons maintenant la virgule dans les deux termes. Le dividende deviendra 38100; et le diviseur, 1524. Si nous divisons ces deux nombres, le premier par le second, que sera le quotient par rapport au quotient des deux nombres proposés? Il sera exactement le même. — En effet, par la suppression de la virgule, le dividende est devenu 1000 fois plus fort et par suite le quotient a été rendu 1000 fois plus fort puisque la quantité à partager est 1000 fois plus grande. Mais par la suppression de la virgule, le

diviseur est devenu 1000 fois plus fort, et par suite le quotient a été rendu 1000 fois plus faible puisque le nombre de parts est 1000 fois plus grand. Par la suppression des deux virgules à la fois, le quotient se trouve de la sorte 1000 fois plus fort et 1000 fois plus faible. Il ne change donc pas de valeur. Il suffit alors de diviser 38100 par 1524 et le quotient trouvé sera le quotient des deux nombres proposés, savoir : 38,1 et 1,524.

6. CAS OU L'UN DES DEUX TERMES EST SANS DÉCIMALES. *Si l'un des deux termes est sans décimales, on écrit à sa droite autant de zéros qu'il y a de décimales dans l'autre terme; puis on efface la virgule et l'on fait la division comme il vient d'être dit:*

Soit à diviser 12 par 0,75. Pour faire disparaître les décimales, on multiplie les deux termes par 100 ; ce qui se fait en écrivant deux zéros à la droite de 12, qui devient 1200 ; et en effaçant la virgule du diviseur, qui devient 75. On est ainsi conduit à diviser 1200 par 75.

La règle générale est du reste parfaitement applicable ici. Écrivons 12 sous cette forme 12,00 ayant même valeur que la première. Les deux termes ont ainsi deux décimales chacun. Effaçons maintenant la virgule de part et d'autre, et nous aurons à diviser 1200 par 75. Le quotient 16 est le quotient de 12 divisé par 0,75.

6. ÉVALUATION D'UN QUOTIENT EN DÉCIMALES. La division donne très-fréquemment un reste, dont nous n'avons pas tenu compte jusqu'ici. Les fractions décimales permettent de poursuivre la division sur ce reste. En voici un exemple. Divisons 314 par 125.

```
314      | 125
250      |------
---      | 2,512
 640     |
 625     |
 ---     |
  150    |
  125    |
  ---
   250
   250
   ---
   000
```

La règle à suivre est celle-ci :

On met une virgule à la droite de la partie entière du quotient et l'on écrit un zéro à la droite du reste pour le convertir en dixièmes. On obtient ainsi un dividende partiel qui fournit au quotient le chiffre des dixièmes. — A la droite du nouveau reste, s'il y en a, on écrit encore un zéro pour le convertir en centièmes. Le dividende partiel ainsi obtenu fournit le chiffre des centièmes du quotient. — S'il y a encore un reste, on écrit à sa droite un zéro pour le convertir en millièmes et avoir le dividende partiel qui doit fournir au quotient le chiffre des millièmes. — On continue de la sorte jusqu'à ce que l'on arrive à un reste nul, ou du moins jusqu'à ce que le quotient ait le nombre de décimales voulu par la question proposée.

Après avoir trouvé 2 au quotient, il reste 64. Le dividende n'a pas de chiffres à abaisser, le reste est moindre que le diviseur; la division est donc terminée, si l'on veut se borner à la partie entière du quotient. Il n'en est plus de même si l'on se propose d'évaluer en décimales la suite du quotient. Remarquons que le reste 64 est égal à 64 unités, qui valent chacune 10 dixièmes, et en tout 640 dixièmes. On écrit donc un zéro à la droite du reste, et ce reste se trouve ainsi converti en dixièmes. Il faut maintenant diviser 640 dixièmes par 125. Le quotient évidemment sera des dixièmes. On écrit donc une virgule à la droite du chiffre 2 du quotient pour placer au rang convenable le chiffre des dixièmes que l'on va trouver. Le quotient de 640 par 125 est 5, que l'on écrit au rang des dixièmes; et il reste 15. Le reste est 15 dixièmes, qui valent 150 centièmes. On obtient ce nombre de centièmes en écrivant un zéro à la droite du reste 15. Puis on divise 150 par 125. Le quotient 1 est écrit au rang des centièmes, et il reste 25 centièmes, que l'on réduit en millièmes en écrivant un zéro à leur droite. Enfin les 250 millièmes sont divisés par 125, et le quotient 2 est écrit au rang des millièmes.

8. DIVISION D'UN NOMBRE ENTIER PAR UN NOMBRE ENTIER PLUS GRAND. Si l'on avait à partager 3 francs entre 8 personnes, il faudrait diviser 3 par 8. L'évaluation d'un quotient en décimales nous permet de faire cette division.

```
 30  | 8
 24  |------
 --  | 0,375
 60  |
 56  |
 --
 40
 40
 --
 00
```

On dit : En 3 combien de fois 8? 0 fois. On écrit donc 0 au rang des unités du quotient, et l'on place une virgule après ce 0. Les 3 unités qui restent valent 30 dixièmes, nombre que l'on obtient en écrivant un zéro à la droite du 3. Si l'on partage 30 dixièmes entre huit personnes, la part de chacune est de 3 que l'on écrit au rang des dixièmes du quotient; et il reste 6 dixièmes à partager. Ces 6 dixièmes sont convertis en centièmes au moyen d'un zéro écrit à la droite du 6. Cela fait, on divise 60 par 8. Le quotient 7 centièmes est écrit au rang des centièmes du quotient. Il reste encore 4 centièmes à partager. On les réduit en millièmes en écrivant un zéro à leur droite et l'on divise 40 par 8. Le quotient 5 est écrit au rang des millièmes du quotient. La part de chaque personne est donc les 0,375 d'un franc. Ou plus généralement 0,375 est le quotient de 3 divisé par 8. En effet, en multipliant 0,375 par 8, on obtient 3.

$$\begin{array}{r} 0{,}375 \\ 8 \\ \hline 3{,}000 \end{array}$$

On aurait pu, avec plus de simplicité, faire la division ainsi qu'il a été indiqué lorsque le diviseur est un nombre d'un seul chiffre.

$$\begin{array}{r} 3 \\ 0{,}375 \end{array}$$

On dit : le huitième de 3, c'est 0. Il reste 3 unités, qui valent 30 dixièmes. Le huitième de 30 dixièmes est 3 dixièmes pour 24; et il reste 6 dixièmes, qui valent 60 centièmes. Le huitième de 60 centièmes est 7 centièmes pour 56; et il reste 4 centièmes, qui valent 40 millièmes. Le huitième de 40 millièmes est 5 millièmes.

—Divisons encore 3 par 625. L'opération est conduite de la manière suivante :

```
 3000 | 625
 2500 |--------
------| 0,0048
  5000|
  5000
 -----
  0000
```

Après avoir écrit le dividende et le diviseur à la manière ordinaire, c'est-à-dire comme il suit,

```
3 | 625
  |------
  |
```

on dit : En 3 combien de fois 625? 0 fois. On écrit 0 au quotient avec une virgule. On réduit les 3 unités du dividende en dixièmes, c'est-à-dire que l'on écrit un zéro à leur droite, et l'on dit : En 30 combien de fois 625? 0 fois. On écrit 0 au rang des dixièmes du quotient et l'on réduit les 30 dixièmes du dividende en centièmes au moyen d'un zéro placé à leur droite, ce qui donne 300. En 300 combien de fois 625? 0 fois. On écrit 0 au rang des centièmes du quotient, et l'on réduit les 300 centièmes en millièmes en écrivant un nouveau 0 à droite du dividende. En 3000 combien de fois 625? 4 fois. La soustraction faite, il reste 500 millièmes que l'on réduit en dix-millièmes au moyen d'un zéro écrit à leur droite. En 5000 combien de fois 625? 8 fois. 8 est écrit au rang des dix-millièmes. La soustraction donne pour reste 0. Le quotient est donc 0,0048.

En résumé, dans les cas semblables à celui qui vient de nous occuper, *après avoir mis 0 au rang des unités du quotient, on écrit 0 à diverses reprises, si c'est nécessaire, tant à la droite du dividende qu'à la droite du quotient, jusqu'à ce que le dividende ainsi modifié contienne le diviseur. La division s'achève alors comme d'habitude.*

9. CAS OU LA DIVISION NE SE TERMINE PAS. Proposons-nous de diviser 21 par 17.

```
21      | 17
17      |------
---     | 1,2352
 40     |
 34     |
 ---    |
  60    |
  51
  ---
   90
   85
   ---
    50
    34
    ---
    16
```

Après avoir obtenu quatre décimales au quotient, il reste encore 16, qui se prêterait à une nouvelle division, donnant elle-même naissance à un autre reste; et ainsi de suite indéfiniment avec les deux nombres proposés. Le quotient dans ce cas ne peut donc pas s'évaluer exactement en décimales.

L'opération qui précède nous offre l'occasion d'une remarque importante. Quelle est la valeur du reste 16? Serait-ce 16 unités? Évidemment non. Remarquons qu'en écrivant un zéro à la droite des restes successifs, nous avons converti ces restes en dixièmes, en centièmes, en millièmes, en dix-millièmes. 50, en particulier, qui nous fournit les 2 dix-millièmes du quotient, représente des dix-millièmes. L'excédant 16 représente donc des dix-millièmes, c'est-à-dire des unités du même ordre que le dernier chiffre du quotient. S'il était besoin d'employer ce reste, il faudrait l'écrire 0,0016.

D'une manière générale : *Le reste représente des unités du même ordre que le dernier chiffre du quotient.*

10. Preuve de la division des nombres décimaux. Cette preuve se fait, comme celle des nombres entiers, soit par 9, soit par la multiplication du quotient par le diviseur. Le produit, s'il n'y a pas de reste, doit donner le dividende. S'il y a un reste, la somme de ce reste et du produit doit donner le dividende.

Effectuons cette dernière preuve sur l'opération qui précède. Faisons d'abord le produit du quotient par le diviseur.

```
 1,2352
     17
 ------
  86464
 12352
 ------
 20,9984
```

Au produit ajoutons le reste 16, en remarquant, d'après le paragraphe précédent, que ce nombre représente des unités du même ordre que le dernier chiffre du quotient et doit être écrit 0,0016.

```
 20,9984
  0,0016
 -------
 21,0000
```

On revient ainsi au dividende 21.

Questionnaire.

1. Comment se fait la multiplication des nombres décimaux ? — 2. Expliquez pourquoi au produit il faut autant de décimales qu'il y en a dans les deux facteurs réunis. — 3. Comment se fait la preuve de la multiplication des nombres décimaux ? — 4. Quelle est la règle à suivre pour

la division des nombres décimaux? — 5. Expliquez pourquoi le quotient ne change pas de valeur lorsqu'on suit cette règle? — 6. Que fait-on si l'un des deux termes de la division est sans décimales? — 7. Comment évalue-t-on un quotient en décimales? — 8. Comment divise-t-on un nombre entier par un autre plus grand? — 9. A quel ordre d'unités appartient le reste d'une division lorsque le quotient est évalué en décimales? — 10. Comment se fait la preuve de la division des nombres décimaux?

Exercices sur la multiplication des nombres décimaux.

Faire les multiplications suivantes :

280. 48 × 3,15.
16 × 2,07.
21 × 0,56.
18 × 0,05.
143 × 1,141.

281. 0,527 × 8.
3,08 × 17.
4,245 × 12.
0,0078 × 124.
7,09 × 52.

282. 3,7 × 12,56.
0,8 × 1,024.
0,712 × 1,5.
0,014 × 3,21.
5,027 × 6,031.

283. 14,0371 × 0,0052.
134,85 × 3,0255.
16,0007 × 1,0002.
4,2252 × 3,4627.
0,45 × 7,2074.

284. 0,0017 × 0,0021.
0,0167 × 0,0643.
0,1405 × 0,0008.
0,078 × 0,00654.
0,14156 × 0,1795.

285. 0,00064 × 7,00001.
8,07061 × 0,000024.
0,004 × 21,00028.
12,6 × 0,0025.
7,41 × 1,00001.

286. 1468,729 × 16,00563.
0,253 × 123,000472.
1,00211 × 2,004501.
3,1416 × 0,051.
0,0007 × 0,000006.

287. 61,027 × 0,64.
0,244 × 0,00469.
2,0202 × 8,0808.
1,101 × 4,007.
0,62 × 0,006284.

Exercices sur la division des nombres décimaux.

Faire les divisions suivantes avec un quotient exact.

288. $\frac{5,4}{1,35}$, $\frac{10,4}{2,08}$, $\frac{37,5}{0,25}$, $\frac{2,8}{0,112}$.

289. $\frac{3}{0,25}$, $\frac{7}{0,125}$, $\frac{9}{0,5625}$, $\frac{12}{0,8}$.

290. $\frac{14}{0,4}$, $\frac{9,23}{0,065}$, $\frac{4,914}{0,042}$, $\frac{0,396}{0,0165}$.

291. $\frac{4,182}{1,23}$, $\frac{31,868}{51,4}$, $\frac{1,8788}{67,1}$, $\frac{0,012636}{2,43}$.

292. $\frac{160,768}{31,4}$, $\frac{0,2556}{18}$, $\frac{0,036352}{1,42}$, $\frac{0,392224}{54,4}$.

293. $\frac{7}{8}$, $\frac{12}{15}$, $\frac{9}{72}$, $\frac{18}{45}$.

294. $\frac{14}{56}$, $\frac{6}{75}$, $\frac{11}{176}$, $\frac{3}{24}$.

Faire les divisions suivantes avec trois décimales au quotient.

295. $\frac{4}{17}$, $\frac{21}{13}$, $\frac{140}{19}$, $\frac{8}{12}$.

296. $\frac{2}{15}$, $\frac{5}{9}$, $\frac{15}{14}$, $\frac{16}{21}$.

297. $\frac{262}{4719}$, $\frac{729}{5817}$, $\frac{1451}{173}$, $\frac{5024}{531}$.

298. $\frac{1,17}{0,9}$, $\frac{0,093}{4,1}$, $\frac{50,27}{0,0049}$, $\frac{13,677}{0,91}$.

299. $\frac{0,014}{2,84}$, $\frac{19,1101}{3,5}$, $\frac{4,005}{0,00152}$, $\frac{0,0061}{0,000028}$.

Pour les divisions des cinq derniers numéros, faire la preuve par la multiplication et l'addition du reste.

DEUXIÈME PARTIE

SYSTÈME MÉTRIQUE

CHAPITRE PREMIER

Le mètre

1. SYSTÈME MÉTRIQUE. Le mot *système* signifie *ensemble*. Le système métrique est l'ensemble des mesures légales usitées en France. On le qualifie de métrique parce qu'il est basé sur le *mètre*, c'est-à-dire que toutes les mesures dérivent de l'unité fondamentale, le mètre.

2. TERMES DÉSIGNANT LES MULTIPLES ET LES SOUS-MULTIPLES DE CHAQUE UNITÉ DE MESURE. Le système métrique est en parfait rapport avec notre numération décimale, car chaque unité de mesure est accompagnée d'unités supérieures de dix en dix fois plus grandes, appelées *multiples*; et d'unités inférieures de dix en dix fois plus petites, appelées *sous-multiples*. Les mêmes expressions servent à désigner les multiples et les sous-multiples des diverses unités de mesure. Ce sont pour les multiples :

Déca, qui signifie dix.
Hecto, qui signifie cent.
Kilo, qui signifie mille.
Myria, qui signifie dix mille.

Pour les sous-multiples :

Déci, qui signifie dixième partie.
Centi, qui signifie centième partie.
Milli, qui signifie millième partie.

Ces expressions précèdent l'unité de mesure que l'on a en vue. Ainsi kilomètre signifie mille mètres; hectare signifie cent ares; centilitre signifie centième partie du litre; décagramme signifie dix grammes, etc.

Dans l'écriture abrégée, on représente comme il suit ces expressions :

M	veut dire	myria.
k	—	kilo.
h	—	hecto.
D	—	déca.
d	veut dire	déci.
c	—	centi.
m	—	milli.

On remarquera l'emploi des majuscules M et D pour *myria* et *déca*, et des minuscules *m* et *d* pour *milli* et *déci*.

On fait suivre ces lettres de l'initiale du nom de l'unité à laquelle le nombre se rapporte. Ainsi 4^{kg} se lit 4 kilogrammes; 5^{Dm} se lit 5 décamètres; 7^{hl} se lit 7 hectolitres; 8^{cg} se lit 8 centigrammes; 9^{Mm} se lit 9 myriamètres; 3^{mg} se lit 3 milligrammes; 7^{ha} se lit 7 hectares, etc.

3. MÈTRE. *Le mètre est l'unité de mesure pour les longueurs.* La longueur du mètre n'a pas été choisie arbitrairement. Pour qu'il fût possible de retrouver en tout temps et en tout lieu la valeur du mètre, sur laquelle est basé le système métrique, on l'a déduite de la longueur la plus générale et la plus invariable qui

soit à notre disposition, on l'a déduite du tour de la terre. Le tour entier de la terre étant divisé en quarante millions de parties, une de ces parties constitue le mètre. Le mètre est donc contenu 40000000 de fois dans le circuit du globe terrestre ; ou bien *le mètre est la quarante-millionième partie du tour de la terre.*

4. MULTIPLES ET SOUS-MULTIPLES DU MÈTRE. Les multiples du mètre sont :

Le *décamètre*, qui vaut 10 mètres.
L'*hectomètre*, qui vaut 100 mètres.
Le *kilomètre*, qui vaut 1000 mètres.
Le *myriamètre*, qui vaut 10000 mètres.

Les sous-multiples sont :

Le *décimètre*, qui vaut la dixième partie du mètre.
Le *centimètre*, qui vaut la centième partie du mètre.
Le *millimètre*, qui vaut la millième partie du mètre.

Le mètre se divise donc en 10 parties égales, appelées décimètres; chaque décimètre se divise en 10 parties égales, appelées centimètres; chaque centimètre se divise en 10 parties égales, appelées millimètres.

Le décamètre vaut 10 mètres; l'hectomètre vaut 10 décamètres, ou 100 mètres; le kilomètre vaut 10 hectomètres, ou 1000 mètres; le myriamètre vaut 10 kilomètres, ou 10000 mètres.

Ces diverses unités se trouvent ainsi de 10 en 10 fois plus fortes en remontant des plus petites aux plus grandes; et de 10 en 10 fois plus faibles en descendant des plus grandes aux plus petites. Elles suivent donc la même loi que les unités des divers ordres dans la numération décimale, ce qui apporte une extrême facilité dans l'écriture numérique.

5. VALEUR DES SOUS-MULTIPLES DU MÈTRE. Pour donner une idée des trois sous-multiples du mètre, nous figurons ici le décimètre, divisé en ses dix centimètres. Le premier centimètre est lui-même divisé en ses dix millimètres (fig. 1).

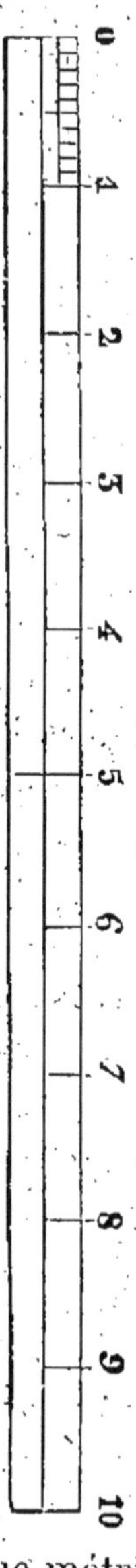

Fig. 1.

6. USAGES. Le mètre sert à l'évaluation des longueurs de moyenne étendue. La longueur d'un champ, d'une pièce d'étoffe, d'un mur, d'un appartement, etc., se mesure au mètre. — Si l'objet est de petites dimensions, ou s'il faut apporter dans la mesure un certain degré de précision, on se sert du décimètre, du centimètre, du millimètre, suivant le degré d'exactitude que l'on désire obtenir. Les dimensions d'une feuille de papier, d'une brique, d'une règle, s'évaluent avec les sous-multiples du mètre. — Les grandes distances, particulièrement les longueurs des routes, s'évaluent avec l'hectomètre, le kilomètre, le myriamètre. Aussi appelle-t-on ces trois dernières mesures *mesures itinéraires*, c'est-à-dire mesures des routes. Sur les routes importantes, des bornes, dites *bornes kilométriques*, indiquent la distance de kilomètre en kilomètre, ou de demi-kilomètre en demi-kilomètre.

On nomme *lieue métrique* la distance de quatre kilomètres. Un piéton sans charge, réglant son pas de manière à fournir une course de quelque durée, parcourt environ six kilomètres en une heure, c'est-à-dire une lieue métrique et demie.

7. LECTURE ET ÉCRITURE D'UNE LONGUEUR. Un

nombre concret est accompagné du nom de l'espèce d'unité à laquelle elle se rapporte. Pour désigner des mètres, on est dans l'usage d'écrire un *m* à droite et un peu au dessus du chiffre des unités. Cet *m* s'appelle l'*indice*, parce qu'il indique la nature de l'unité. Ainsi 13^{m} se lit 13 mètres.

S'il y a des sous-multiples du mètre, on les écrit comme les nombres décimaux, c'est-à-dire que l'on met une virgule après le chiffre des unités et que l'on place les décimètres au rang des dixièmes, les centimètres au rang des centièmes, les millimètres au rang des millièmes. Ainsi $4^{m},12$ se lit 4 mètres, 1 décimètre et 2 centimètres; ou, ce qui est mieux, 4 mètres 12 centimètres, de même qu'on lirait 4 unités 12 centièmes s'il n'y avait pas l'indice *m*. Pareillement, $3^{m},145$ pourrait se lire 3 mètres, 1 décimètre, 4 centimètres, et 5 millimètres; mais on dit plus rapidement 3 mètres 145 millimètres, de la même manière que l'on dirait, en l'absence de l'indice, 3 unités 145 millièmes.

Un nombre contenant les sous-multiples du mètre se lit donc comme un nombre décimal abstrait; seulement, en tenant compte de l'indice, on dit millimètres pour millièmes, centimètres pour centièmes, etc.

L'écriture d'une longueur énoncée ne présente pas plus de difficulté.

On écrit le nombre comme si c'était un nombre décimal abstrait, et l'on met l'indice m *au chiffre des unités.*

Soit à écrire 15 mètres 18 millimètres. On écrit le nombre comme s'il était énoncé 15 unités, 18 millièmes, et l'on met l'indice *m* au chiffre des unités : $15^{m},018$.

Soit encore 24 centimètres. Écrivons 24 centièmes et

mettons l'indice au 0 qui remplace les unités absentes; nous aurons : $0^{m},24$.

Suivant la nature de la question, on peut prendre pour unité tantôt un sous-multiple, tantôt un multiple du mètre. L'indice doit faire connaître l'unité adoptée. Ainsi, 24^{mm} se lit 24 millimètres; 12^{dm} se lit 12 décimètres; 142^{cm} se lit 142 centimètres.

De même 18^{km} se lit 18 kilomètres; 9^{hm} se lit 9 hectomètres; 7^{Mm} se lit 7 myriamètres; 9^{Dm} se lit 9 décamètres.

Quand à la suite de l'unité adoptée se trouvent des décimales, ces décimales expriment des longueurs de 10 en 10 fois plus faibles. Ainsi $16^{km},745$ exprime 16 kilomètres par sa partie entière, 7 hectomètres par le premier chiffre décimal, 4 décamètres par le second et 5 mètres par le troisième. On le lit : 16 kilomètres et 745 mètres. En effet, le mètre est la millième partie du kilomètre pris pour unité, et les trois décimales placées à la suite de la virgule désignent des millièmes de l'unité.

8. Mesures réelles et mesures fictives. Les mesures *réelles* sont celles dont on fait *réellement* usage pour évaluer les quantités, celles enfin que l'on manie. Les autres sont des mesures *fictives*; l'esprit les conçoit, mais on n'en fait pas réellement usage. Ainsi, le kilomètre est bien une longueur, mais on ne fait pas emploi d'une mesure réelle, cordon, ruban, règle, chaîne ou autre chose de ce genre, ayant la longueur d'un kilomètre. Le mètre, au contraire, est représenté par un objet que l'on manie, que l'on porte sur la longueur à mesurer. Le mètre est une mesure réelle, le kilomètre est une mesure fictive.

Une même loi règle les mesures réelles adoptées. C'est celle-ci : *Toute mesure réelle plus grande que l'unité vaut* 1 *fois,* 2 *fois*, 5 *fois*, *soit l'*UNITÉ SIMPLE, soit le DECA, soit l'HECTO, soit le KILO ; toute mesure réelle plus petite que l'unité vaut 1 fois, 2 fois, 5 fois, soit le DECI, soit le CENTI, soit le MILLI.

La série complète des mesures est loin d'exister pour chaque espèce d'unité du système métrique. Celles qui, par leurs dimensions trop grandes ou trop petites, seraient embarrassantes, ne sont pas adoptées. Les mesures réelles sont vérifiées et poinçonnées par le vérificateur des poids et mesures.

9. MESURES RÉELLES DE LONGUEUR. Les mesures réelles adoptées pour les longueurs sont :

Le *double décamètre*, qui vaut		20 mèt.
Le *décamètre* (chaîne d'arpenteur), qui vaut		10 mèt.
Le *demi-décamètre*,	—	5 mèt.
Le *double mètre*,	—	2 mèt.
Le *mètre*,	—	1 mèt.
Le *demi-mètre*, qui vaut		5 décimètres.
Le *double décimètre*, qui vaut		2 décimètres.
Le *décimètre*,	—	1 décimètre.

Fig. 2.

Le mètre dont on se sert pour mesurer les étoffes est une règle en bois, protégée par une garniture de métal à ses deux extrémités (fig. 2).

Les maçons, menuisiers, charpentiers, etc., emploient de préférence le mètre *pliant*, qui se replie en dix parties d'un décimètre chacune. L'instrument est en buis, en cuivre jaune, en baleine, en ivoire (fig. 3).

Le décimètre et le double décimètre sont de petites règles, à bord tranchant, divisées en centimètres et millimètres. On les fait en buis ou en ivoire.

La chaîne d'arpenteur, ou décamètre, est formée de 50 tringles de gros fil de fer unies par des anneaux. La première et la dernière sont armées de poignées. Chaque tringle ou *chaînon* a deux décimètres de longueur. Cinq chaînons font un mètre. Les chaînons sont

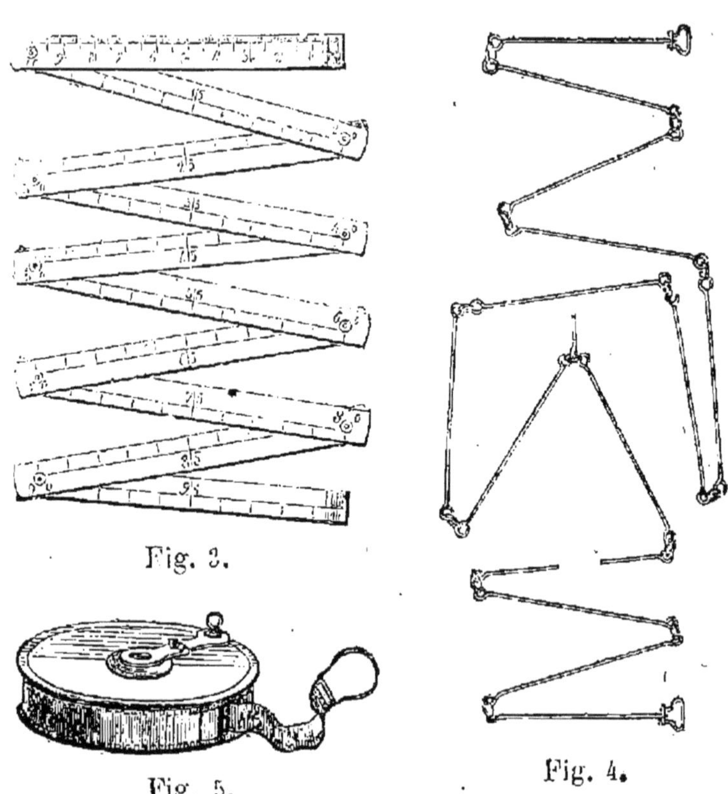

Fig. 3.

Fig. 4.

Fig. 5.

unis l'un à l'autre par des anneaux de fer ; mais, de mètre en mètre ou de cinq en cinq chaînons, l'anneau de fer est remplacé par un anneau de cuivre jaune, qui permet de reconnaître aisément les mètres. Enfin, au milieu de la chaîne, un appendice en fer indique la longueur de 5 mètres (fig. 4). Pour se servir de la chaîne d'arpenteur, deux personnes la prennent chacune par l'une des poignées et la tendent sur la ligne à mesurer.

Un décamètre moins embarrassant est celui qui se compose d'un long ruban divisé en mètres et décimètres par des traits coloriés. Le ruban est contenu dans une boîte circulaire dans laquelle il s'enroule au moyen d'une petite manivelle située sur l'une des faces de la boite. Quand on veut se servir de la mesure, on l'extrait de sa boîte en la tirant par l'anneau ou la poignée qui la termine extérieurement (fig. 5).

10. OPÉRATIONS SUR LES NOMBRES MÉTRIQUES. Le calcul sur des nombres exprimant des longueurs mesurées au mètre se fait absolument de la même manière que sur les nombres décimaux. Il en est de même pour tous les nombres se rapportant à une unité quelconque du système métrique. La seule condition à observer, c'est que les nombres de même nature soient rapportés à la même unité. S'il s'agit de longueurs à additionner, par exemple, il faut que tous les nombres représentent soit des mètres, soit des kilomètres, soit des décimètres, sinon on ferait la somme de quantités d'espèce différente. Si l'énoncé de la question renferme des longueurs rapportées à des unités de plusieurs sortes, avant d'opérer, on ramène ces nombres à la même unité, particulièrement au mètre, par le déplacement de la virgule ou l'emploi de zéros.

Combien font, par exemple, 327 mètres et 17 décamètres ? — Réduisons les décamètres en mètres, en multipliant 17 par 10. Nous aurons ainsi à faire la somme de 327 mètres et de 170 mètres.

Que reste-t-il de 5 kilomètres si l'on en retranche 1259 mètres ? — Réduisons les 5 kilomètres en 5000 mètres et la soustraction sera sans difficulté, etc., etc.

Questionnaire.

1. Que signifie le mot système ? — Qu'est-ce que le système métrique ? — 2. Comment désigne-t-on les multiples et les sous-multiples des diverses unités de mesure ? — Quels signes emploie-t-on pour représenter ces multiples et ces sous-multiples ? — 3. Qu'est-ce que le mètre ? — 4. Dites les multiples et les sous-multiples du mètre ? — 5. Montrez au tableau quelle est à peu près la longueur du mètre, du décimètre, du centimètre, etc. ? — 6. Quels sont les usages du mètre, de ses sous-multiples, de ses multiples ? — Qu'appelle-t-on mesures itinéraires ? — Quelle est la valeur de la lieue métrique ? — 7. Comment lit-on et écrit-on un nombre métrique ? — 8. Qu'appelle-t-on mesures réelles et mesures fictives ? — Quelle est la loi qui règle les mesures réelles ? — 9. Quelles sont les mesures réelles de longueur ? — 10. Comment se font les opérations arithmétiques sur les nombres métriques ?

Exercices sur le mètre.

Lire les longueurs suivantes :

300. $2^{m},14$. $0^{m},156$. $0^{m},014$. $32^{m},07$.

301. $8^{m},7$. $0^{m},09$. $0^{m},008$. $1^{m},25$

302. $7^{km},552$. $8^{km},48$. $9^{km},062$. $7^{km},14$.

303. $2^{hm},25$. $1^{hm},7$. $9^{hm},08$. $17^{hm},16$.

304. $6^{Mm},4572$. $2^{Mm},07$. $1^{Mm},009$. $5^{Mm},9$.

Écrire en chiffres les longueurs suivantes :

305. Trois mètres quinze centimètres.
Six mètres vingt-huit millimètres.
Soixante-quinze millimètres.
Dix-sept décimètres.

306. Cent soixante-deux centimètres.
Six cent vingt-huit millimètres.
Quatre-vingt-huit décimètres.
Huit mille cent douze millimètres.

307. Quatre kilomètres sept décamètres.
Douze kilomètres six hectomètres.
Quinze kilomètres trois hectomètres sept mètres.
Vingt-sept hectomètres trente-deux mètres.

308. Cinq myriamètres trois hectomètres.
Huit myriamètres deux kilomètres sept décamètres.
Onze myriamètres un hectomètre neuf mètres.
Six myriamètres un kilomètre quatre hectomètres.

Dire combien font en mètres les longueurs des numéros et 308.

Problèmes sur le mètre.

309. Quel est le tour de la terre : 1° en myriamètres ; 2 en kilomètres ; 3° en hectomètres ; 4° en décamètres ?

310. Quel est le tour de la terre en lieues métriques?

311. La profondeur d'un puits est de $8^{m},7$. La partie vide occupe $5^{m},12$. Quelle est la profondeur de l'eau ?

312. En creusant un puits, on a traversé $0^{m},85$ de terre végétale, $3^{m},6$ de gravier, $5^{m},27$ d'argile. C'est alors que l'eau a surgi. Quelle est la profondeur du puits ?

313. Un chemin vicinal a été exécuté en quatre ans. La première année on a fait 9^{km} et 7^{Dm}; la seconde année, 8^{km} et 5^{hm}; la troisième année, 11^{km}, 3^{hm} et 6^{Dm}; enfin la quatrième année 7^{km}, 5^{Dm} et 8^{m}. Quelle est en mètres la longueur du chemin ?

314. Les roues d'une charrette ont $5^{m},652$ de circuit. Combien de tours ont fait ces roues après un parcours de 4^{km}?

315. Quel parcours représentent 1627 tours des mêmes roues ?

316. On veut entourer de mûriers un terrain qui mesure $1591^{m},2$ de circuit. Les mûriers devant être séparés l'un de l'autre par une distance de $15^{m},6$, combien en faudra-t-il pour entourer ce terrain et combien coûtera la plantation, chaque mûrier planté revenant à 2 fr. ?

317. Une locomotive Crampton du chemin de fer du Nord effectue, par an, un parcours total de 47400^{km}. De combien ce parcours dépasse-t-il le tour de la terre ?

318. Une ligne télégraphique à double fil revient avec ses poteaux de pin, ses supports, etc., à 360 fr. par kilomètre. Que coûtera une ligne de 25^{km}, 6^{hm}, 7^{Dm}?

319. La distance du soleil à la terre est de 38 000 000 de lieues métriques. Evaluer cette distance en myriamètres.

320. Dans un escalier spiral on compte 153 marches qui conduisent à une hauteur de $27^{m},54$. Quelle est la hauteur d'une marche?

321. Un rouleau de tapisserie a $0^{m},47$ de largeur. Combien de fois faudra-t-il cette largeur pour tapisser un mur de $8^{m},7$ de longueur?

322. Sur trois longueurs mesurées, la première a $1^{m},85$, la seconde a $0^{m},287$ de plus, et la troisième $0^{m},45$ de moins que la première. Quelle est la longueur de l'ensemble?

323. Combien d'épingles de $0^{m},045$ de longueur peut-on retirer d'un fil de laiton de $12^{m},7$ de longueur?

CHAPITRE II

Le mètre carré. — L'are

1. CARRÉ. Mesurer une superficie, c'est chercher combien de fois il faudrait lui superposer, pour la recouvrir, un carré pris pour unité de surface. *Le carré est une figure formée de quatre côtés égaux disposés d'équerre l'un sur l'autre.*

2. SUPERFICIE D'UN CARRÉ. Si le côté d'un carré est égal à 2 fois, 3 fois, 4 fois..., 10 fois, etc., le côté d'un autre carré, la superficie du premier est égale à 4 fois, 9 fois, 16 fois..., 100 fois, etc., celle du second. — Le côté AB du grand carré contient, par exemple, 10 fois le côté *ab* du petit carré. Alors la superficie du grand contient 100 fois celle du petit. — Par le premier point de division du côté AC menons une parallèle au côté AB, c'est-à-dire une ligne droite qui soit partout égale-

ment distante de AB. Nous détacherons ainsi du grand carré une bande qui aura dans un sens la dimension du petit carré, et dans l'autre 10 fois cette dimension. Si nous faisions la même construction pour les autres points de division du côté AC, nous obtiendrions évidemment en tout 10 bandes pareilles. Maintenant, par le premier point de division du côté AB, menons, à travers la bande, une parallèle au côté AC. Nous détacherons de la bande un carré égal au petit carré *abcd*.

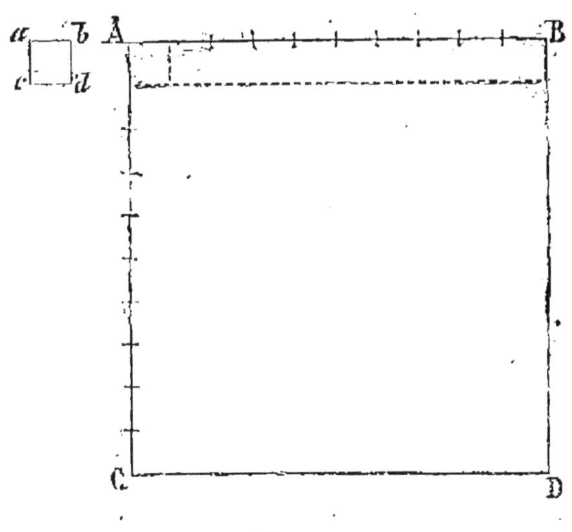

Fig. 6.

Si la même construction était répétée pour toute la bande, on obtiendrait 10 de ces carrés pour la bande entière. On en obtiendrait par conséquent 10 fois 10 ou 100 pour le grand carré entier, qui contient 10 fois cette bande. Le carré dont le côté est décuple a donc une superficie centuple.

On trouverait de même que, si le côté est 2 fois, 3 fois, 4 fois, etc., plus grand, la superficie est 4 fois,

9 fois, 16 fois, etc., plus grande. Remarquons que 4 est égal à 2 fois 2, que 9 est égal à 3 fois 3, que 16 est égal à 4 fois 4, que 100 est égal à 10 fois 10; c'est-à-dire que chaque fois la superficie est exprimée par un nombre égal au côté du carré multiplié par lui-même. *On obtient donc la superficie d'un carré en multipliant son côté par lui-même.*

3. SUPERFICIE D'UN RECTANGLE. *On appelle rectangle une figure formée de quatre côtés égaux deux à deux et d'équerre l'un sur l'autre.* La superficie du rectangle revenant fort souvent, nous établirons ici comment on l'obtient. — Supposons que l'unité de surface soit le carré *abcd*. On cherche combien de fois le côté *ab* de ce carré est contenu dans la *longueur* HK du rectangle, et combien de fois il est contenu dans la *hauteur* HM. La longueur le contient 8 fois et la hauteur 5 fois. On fait le produit de ces deux nombres : 5 fois 8 font 40. Le rectangle contient 40 fois le carré pris pour unité de superficie. — En effet, en menant des parallèles à HK par les points de division de HM, on décomposerait le rectangle en 5 bandes pareilles à celle qui est figurée. De même, en menant des parallèles à HM par les points de division de HK, on décomposerait chaque bande en 8 carrés pareils à celui qui est figuré et égaux chacun au carré pris pour unité de superficie. Chaque bande vaut 8 carrés, et il y a 5 bandes. Le rectangle vaut donc 5 fois 8 ou 40 fois le carré pris pour unité.

a b c d H K M N

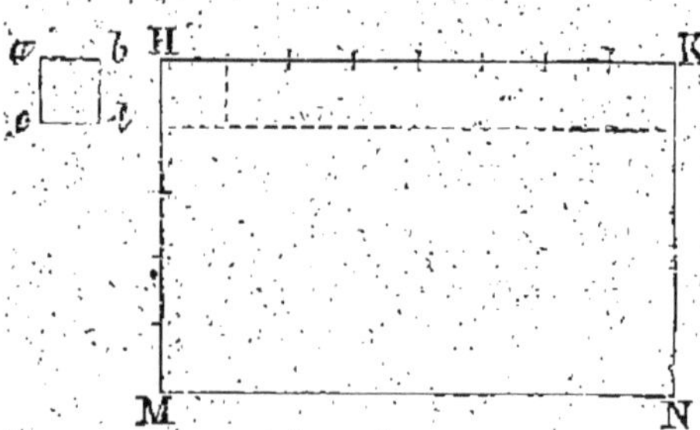

Fig. 7.

— *On obtient donc la superficie d'un rectangle en multipliant la longueur par la largeur.*

4. MÈTRE CARRÉ. *L'unité de superficie est le mètre carré, c'est-à-dire un carré qui a un mètre de côté.*

Le décimètre carré est un carré qui a un décimètre de côté.

Le centimètre carré est un carré qui a un centimètre de côté.

Le millimètre carré est un carré qui a un millimètre de côté.

Le mètre carré vaut 100 fois le décimètre carré. En effet, son côté étant 10 fois plus grand, sa superficie doit être 10 fois 10 ou 100 fois plus grande, d'après ce qui a été démontré au paragraphe 2.

Pareillement, le décimètre carré vaut 100 fois le centimètre carré, parce que son côté est 10 fois plus grand. Enfin le centimètre carré vaut 100 fois le millimètre carré, parce que son côté est 10 fois plus grand.

En résumé, le mètre carré vaut 100 fois le décimètre carré, 100 fois 100 ou 10000 centimètres carrés, 100 fois 10000 ou 1000000 de millimètres carrés.

On emploie quelquefois encore les expressions de kilomètre carré, myriamètre carré, etc. Il faut entendre par là un carré dont le côté a un kilomètre, un myriamètre, etc., de longueur. Quant à la valeur de ces surfaces exprimées en mètres carrés, elle est facile à trouver d'après le paragraphe 2. Il suffit de multiplier la longueur du côté par elle-même pour avoir le nombre de mètres carrés.

Aussi le décamètre carré vaut 10×10, ou 100 mètres carrés.

Le kilomètre carré vaut $1\,000 \times 1\,000$, ou 1 000 000 de mètres carrés.

Le myriamètre carré vaut 10 000 × 10 000, ou 100 000 000 de mètres carrés, etc.

Le mètre carré n'est pas une mesure réelle, c'est-à-dire un carré que l'on superpose réellement sur la surface à mesurer autant de fois qu'il peut y être contenu; *c'est une mesure fictive*, à laquelle la géométrie rapporte les surfaces par des procédés qu'elle enseigne, ainsi que nous venons de l'établir pour le rectangle et le carré.

5. LECTURE ET ÉCRITURE D'UNE SUPERFICIE EXPRIMÉE EN MÈTRES CARRÉS. L'indice du mètre carré est ^{mq} que l'on place un peu à droite et au-dessus du chiffre des unités. Ainsi, 4^{mq} se lit 4 mètres carrés.

Examinons comment doivent se lire les décimales qui peuvent accompagner un nombre de mètres carrés.

Nous venons de voir que le décimètre carré est contenu 100 fois dans le mètre carré. Il vaut par conséquent 1 *centième* de mètre carré. Alors le nombre $1^{mq},23$, qui comprend 23 centièmes de l'unité, n'importe la nature de cette unité, doit se lire 1 mètre carré et 23 décimètres carrés.

Soit encore le nombre $2^{mq},7$. Rien n'empêche de supposer un 0 à la droite du 7, et alors le nombre contient 70 centièmes de l'unité. Mais comme le centième de l'unité actuelle est le décimètre carré, le nombre se lit 2 mètres carrés et 70 décimètres carrés.

Supposons un plus grand nombre de décimales, supposons le nombre $5^{mq},0175$. Les décimales expriment 175 dix-millièmes de l'unité. Mais le centimètre carré est contenu 10 000 fois dans le mètre carré, dont il est par conséquent le dix-millième. Le nombre proposé se lit donc 5 mètres carrés et 175 centimètres carrés.

Soit enfin $0^{mq},894$. Avec un zéro écrit à la droite des décimales, le nombre représente 8940 dix-millièmes de l'unité et par conséquent doit se lire 8940 centimètres carrés.

En résumé : *S'il y a deux chiffres décimaux, ces chiffres représentent des décimètres carrés; s'il y en a quatre, ils représentent des centimètres carrés; s'il y en a six, ils représentent des millimètres carrés.*

Si le nombre des décimales est impair, c'est-à-dire égal à 1, ou 3, ou 5, on le rend pair par un zéro que l'on écrit ou que l'on suppose à la droite des décimales. La lecture se fait alors comme il vient d'être dit.

On voit que la partie décimale d'un nombre dont l'unité est le mètre carré doit toujours avoir un nombre pair de chiffres, 2, 4 ou 6, pour être exprimé en décimètres carrés, centimètres carrés, millimètres carrés. Le dernier chiffre à droite peut être un zéro sous-entendu.

Si l'on veut énoncer séparément les décimètres carrés, les centimètres carrés, etc., on remarquera que *les deux premiers chiffres à droite de la virgule représentent des décimètres carrés, les deux suivants des centimètres carrés, les deux suivants des millimètres carrés.*

Ainsi, le nombre $2^{mq},140852$ se lit : 2 mètres carrés, 14 décimètres carrés, 8 centimètres carrés, 52 millimètres carrés. Mais il est préférable de lire le nombre en une seule fois et de dire 2 mètres carrés, 140852 millimètres carrés.

Quelquefois la lecture se fait d'une autre manière. Ainsi le nombre $3^{mq},8$ se lit 3 mètres carrés et 8 dixièmes de mètre carré. Et en effet, par sa position au premier rang après la virgule, le chiffre 8 exprime des dixièmes de l'unité, quelle que soit cette unité. *Il ne faut pas confondre le dixième de mètre carré avec le décimètre carré.* Le dixième de mètre carré est la dixième partie de la superficie totale et vaut par conséquent la dixième partie des 100 décimètres carrés contenus dans le mètre carré ; il vaut enfin 10 décimètres carrés. Aussi ce chiffre 8, placé au premier rang après la virgule, exprime-t-il 80 décimètres carrés, ainsi que nous venons de le voir.

L'écriture d'un nombre désignant une superficie ne présente aucune difficulté si l'on se rappelle qu'*il faut 2 décimales pour exprimer les décimètres carrés, 4 pour exprimer les centimètres carrés, 6 pour exprimer les millimètres carrés.*

Soit à écrire 185 centimètres carrés. Il faut ici 4 décimales ; et comme le nombre ne contient que 3 chiffres, on le fait précéder d'un zéro pour compléter les 4 décimales. On a ainsi $0^{mq},0185$. La superficie proposée est de la sorte exactement représentée, car le centimètre carré étant le dix-millième du mètre carré, il faut que les décimales expriment des dix-millièmes. C'est ce qui a lieu en effet, puisque ces décimales sont au nombre de quatre.

Soit encore 12 centimètres carrés. Il faut 4 décimales et le nombre n'a que 2 décimales. On fait donc précéder 12 de deux zéros : $0^{mq},0012$.

Soit enfin 4 mètres carrés et 35 décimètres carrés. Il faut 2 décimales. Le nombre lui-même les donne précisément. On écrit donc : $4^{mq},35$.

Parfois le nombre est énoncé en plusieurs parties, comme dans cet exemple : écrire 3 décimètres carrés, 7 centimètres carrés et 23 millimètres carrés. — La dernière espèce d'unité indique qu'il faut six décimales, savoir : deux pour les décimètres carrés, deux pour les centimètres carrés, et, enfin, deux pour les millimètres carrés. Les décimètres carrés ne fournissant qu'un chiffre, on fait précéder ce chiffre d'un zéro pour tenir place des dizaines de décimètres carrés absentes ; pareille chose a lieu pour les centimètres carrés dans l'exemple cité ; mais les millimètres carrés, contenant deux chiffres, sont écrits tels quels. On a ainsi :

$$0^{mq},030723.$$

En résumé : *les deux premiers chiffres après la virgule appartiennent aux décimètres carrés, les deux suivants aux centimètres carrés, les deux suivants aux millimètres carrés. Si l'un de ces ordres de mesure manque en entier, on le remplace par deux zéros; s'il ne contient que des unités, on met un zéro à la place des dizaines absentes.*

6. PROBLÈME. Pour achever de fixer les idées, résolvons la question suivante : *La longueur d'une table est de* $3^{m},43$; *la largeur est de* $1^{m},6$. *Quelle est la superficie de la table?* — D'après la règle donnée, multiplions la longueur par la largeur :

$$\begin{array}{r} 3,43 \\ 1,6 \\ \hline 2058 \\ 343 \\ \hline 5,488 \end{array}$$

Le produit exprime des mètres carrés. En mettant l'indice voulu, on a : $5^{mq},488$. Ce nombre se lit : 5 mètres carrés, 4 880 centimètres carrés : ou bien 5 mètres carrés, 48 décimètres carrés et 80 centimètres carrés.

7. USAGES DU MÈTRE CARRÉ. Le mètre carré sert pour les superficies de petite étendue, comme la surface du parquet d'un appartement, la surface d'un mur,

la surface d'une pièce d'étoffe, d'une planche, etc.

8. ARE. *L'are est l'unité de mesure pour les surfaces agraires. C'est un carré ayant* 10 *mètres de côté, et par conséquent* 100 *mètres carrés de superficie.*

Puisque le côté du carré que l'on nomme are a 10 mètres de longueur, la superficie de ce carré est égale à 10 fois 10 ou à 100 mètres carrés, ainsi qu'on l'a établi au paragraphe 2. *L'are vaut donc* 100 *mètres carrés.*

L'are n'a qu'un sous-multiple employé, c'est le *centiare,* ou centième partie de l'are. Puisque l'are vaut 100 mètres carrés, sa centième partie vaut 1 mètre carré. *Le centiare vaut donc un mètre carré.*

Le seul multiple de l'are employé est l'*hectare* ou cent ares.

L'hectare vaut cent ares et par conséquent 100 *fois* 100 *ou* 10 000 *mètres carrés. Un carré de* 100 *mètres de côté représente l'hectare;* car il vaut, lui aussi, 100 fois 100 ou 10 000 mètres carrés.

Comme le mètre carré, l'*are est une mesure fictive.* Son indice est ^{a}. Ainsi, 12^{a} se lit 12 ares.

9. CONVERSION DES MÈTRES CARRÉS EN ARES ET RÉCIPROQUEMENT. *Une surface étant exprimée en mètres carrés, on l'évalue en ares en divisant le nombre par* 100; car, puisque l'are vaut 100 mètres carrés, autant de fois il y aura 100 mètres carrés dans la superficie, autant de fois l'are sera contenu dans cette superficie.

Inversement : *Pour traduire en mètres carrés une superficie en ares*, il faut multiplier le nombre par 100, puisqu'un are vaut 100 mètres carrés.

10. PROBLÈMES. *Un champ de forme rectangulaire*

a 265ᵐ de longueur sur 123ᵐ de largeur. Quelle est sa superficie en ares?

Multiplions la longueur par la largeur.

```
  265
  123
 ----
  795
 530
265
-----
32595
```

Le produit exprime des mètres carrés : 32595ᵐᑫ. Pour le réduire en ares, il faut le diviser par 100, en séparant deux décimales par une virgule. On a ainsi 325ᵃ 95, c'est-à-dire 325 ares et 95 centiares. En remarquant que 300 ares font 3 hectares, le nombre peut se lire encore : 3 hectares, 25 ares, et 95 centiares.

La superficie d'un jardin est de 63 ares et 25 centiares. Evaluer cette superficie en mètres carrés.

Écrivons la superficie rapportée à l'are : 63ᵃ, 25. Multiplions maintenant le nombre par 100 et nous aurons la superficie exprimée en mètres carrés.

6325ᵐᑫ.

Questionnaire.

1. Qu'est-ce que mesurer une superficie? — Qu'appelle-t-on carré? — 2. Démontrez qu'un carré dont le côté vaut 10 fois la longueur du côté d'un second carré a une surface 100 fois plus grande. — Comment obtient-on la superficie d'un carré? — 3. Comment obtient-on la superficie d'un rectangle? — 4. Qu'est-ce que le mètre carré? — Combien vaut-il de décimètres carrés? — Quelle est la superficie du décamètre carré, du kilomètre carré? — — 5. Combien faut-il de décimales pour représenter des décimètres carrés, des centimètres carrés? — 6 et 7. Quels sont les usages du mètre carré? — 8. Qu'est-ce que l'are?

— Quelle est la valeur du centiare? — Quel est le côté du carré ayant un hectare de superficie? — 9. Que faut-il faire pour convertir les mètres carrés en ares? — 10. Que faut-il faire pour convertir les ares en mètres carrés?

Exercices sur le mètre carré et l'are.

Lire les superficies suivantes :

324.	3mq,05.	326.	112a,7.
	0mq,754.		28a,04.
	2mq,6056.		14a,27.
	4mq,071.		151a,09.
325.	28mq,631.	327.	627a,5.
	14mq,9.		1243a,78.
	0mq,00067.		4761a,8.
	0mq,00152.		15945a,0.

Écrire en chiffres les superficies suivantes :

328. Trois mètres carrés cent quarante-deux centimètres carrés.
Quatre-vingt-dix-sept décimètres carrés.
Quatre centimètres carrés.
Six cent vingt-neuf décimètres carrés.

329. Huit cent quarante-neuf décimètres carrés.
Cent trente-cinq centimètres carrés.
Huit mètres carrés sept centimètres carrés.
Neuf mille douze décimètres carrés.

330. Cent treize centimètres carrés.
Huit millimètres carrés.
Cent vingt-sept millimètres carrés.
Un mètre carré trois décimètres carrés.

Convertir en ares, hectares et centiares les superficies suivantes :

331.	3924mq.	332.	12mq.
	56702mq.		9mq.
	35008mq.		101mq.
	7427mq.		7mq.

Convertir en mètres carrés les superficies suivantes :

333. Trois hectares huit ares dix-huit centiares.
Douze hectares quatorze centiares.

Vingt hectares quarante-deux ares,
Cinquante-six ares trois centiares.

334. Cent hectares cinquante-huit ares.
Un hectare cent vingt-deux centiares.
Deux hectares trois cent douze centiares.
Cinq hectares douze ares sept centiares.

Problèmes sur le mètre carré et l'are.

335. Une brique de forme carrée a $0^m,32$ de côté. Combien faut-il de ces briques pour carreler un appartement qui a 7^m dans un sens et $5^m,2$ dans l'autre?

336. Dans une écurie, on accorde à chaque cheval une largeur de $1^m,75$ et une longueur de 4^m, y compris la crèche, la mangeoire et le passage. Quelle est, pour un cheval, la surface occupée?

337. Calculer la superficie d'un champ de forme rectangulaire dont les dimensions sont 857^m et 513^m.

338. La surface d'un jardin est de $23^a,12$. Combien faut-il de fumier à raison de 3 kilogrammes par mètre carré?

339. Dans un sol peu profond, un cep de vigne occupe une superficie de $3^{mq},06$: dans un sol profond, on ne lui donne que $0^{mq},64$. Dans l'un et l'autre cas, combien y a-t-il de ceps pour 1^{ha} d'étendue?

340. Quelle est la surface d'un carré de $17^m,28$ de côté?

341. Déterminer la superficie d'une route de 100 kilomètres de longueur et de $11^m,6$ de largeur.

342. Les rouleaux de tapisserie ont 12^m de longueur et $0^m,48$ de largeur. Combien en faudra-t-il pour tapisser les murs d'une salle carrée dont les côtés ont $7^m,5$ de longueur sur $4^m,6$ de hauteur?

343. Calculer la superficie d'une feuille de papier qui mesure $0^m,28$ dans un sens et $0^m,185$ dans l'autre.

344. Que reste-t-il d'une feuille de zinc de $3^m,42$ de longueur sur $1^m,21$ de largeur après en avoir employé une bande de $0^m,85$ de longueur sur $0^m,7$ de largeur, plus une seconde bande de $1^m,6$ de longueur sur $0^m,52$ de largeur?

345. Combien de carrés de $0^m,25$ de côté peut-on découper dans une feuille de fer-blanc de $2^m,72$ de longueur sur $0^m,74$ de largeur?

346. On veut diviser un jardin potager de la contenance de 163^a 27^{ca} en carrés de 12^m de côté. Combien y en aura-t-il?

347. 7 enfants ont pour héritage des terres de même valeur dont la superficie totale est de 12^{ha} 85^{a} et 57^{ca}. Quelle est la part de chacun?

CHAPITRE III

Le mètre cube. — Le stère

1. CUBE. *Le volume d'un corps est l'étendue que ce corps occupe.* Mesurer le volume d'un corps, c'est chercher combien il faudrait de cubes, pris pour unité de volume, pour occuper la même étendue. *Un cube est l'étendue comprise entre six faces égales qui sont des carrés* (fig. 8). Il y a douze côtés, tous égaux entre eux. Trois à trois, ils aboutissent au même sommet. L'un des trois côtés aboutissant au même sommet se nomme longueur; le second, largeur; le troisième, épaisseur, hauteur, profondeur indifféremment. C'est ce qu'on nomme les trois dimensions. *Dans le cube, les trois dimensions sont égales.*

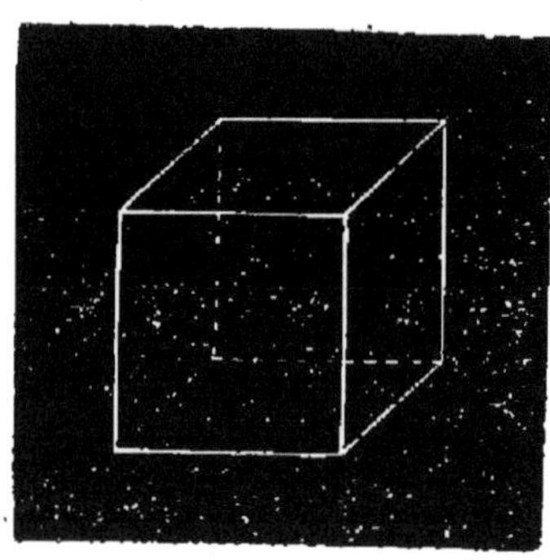

Fig. 8.

2. VOLUME D'UN CUBE. Si le côté d'un cube est égal à 2 fois, 3 fois, 4 fois..., 10 fois, etc., le côté d'un autre cube, le volume du premier est égal à 8 fois, 27 fois, 64 fois..., 1000 fois, etc., celui du second. — Le côté du cube B (fig. 9) est, par exemple, égal à 10 fois le côté du cube A. Son volume est alors 1000 fois plus

grand. En effet, d'après ce qui a été vu au sujet des carrés, on peut décomposer la face sur laquelle il repose en 100 carrés égaux à l'une des faces du cube A. Cela résulte de ce que le carré qui sert de base au cube B a des côtés 10 fois plus grands que les côtés du

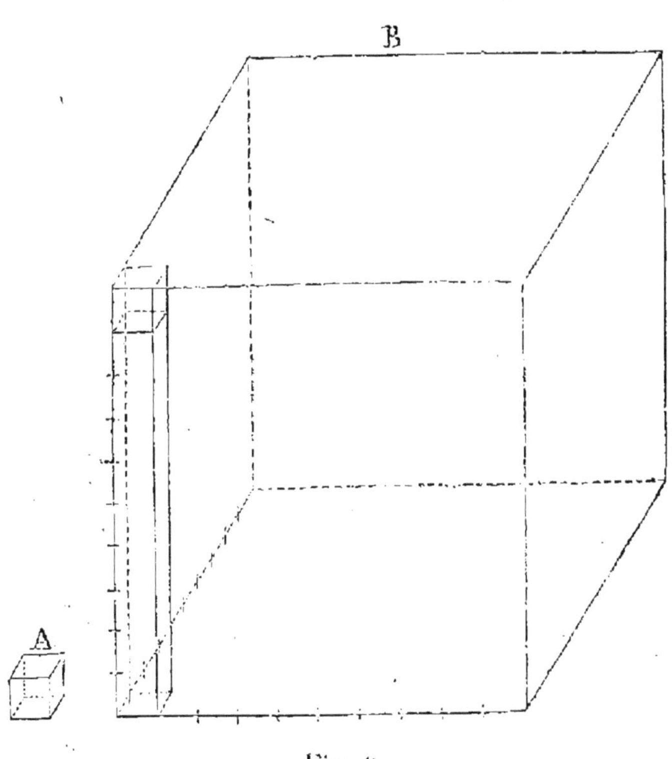

Fig. 9.

carré servant de base au cube A. Sur chacun de ces 100 carrés, on pourra empiler, pour faire la hauteur du grand cube, 10 cubes égaux au petit ; et l'on aura ainsi une colonne ou pile de cubes telle que la représente la figure. Mais, pour remplir le grand cube, il faut 100 de ces piles, autant enfin que sa base renformé de petits carrés. Le nombre de petits cubes contenus dans le grand sera donc de 100 × 10 ou bien de 1000.

On trouverait de même que, si le côté est 2 fois, 3 fois, 4 fois, etc., plus grand, le volume est 8 fois, 27 fois, 64 fois, etc., plus grand. Mais 8 est égal à 2 × 2 × 2, 27 est égal à 3 × 3 × 3, 64 est égal à 4 × 4 × 4, 1000 est égal à 10 × 10 × 10; c'est-à-dire que chaque fois le volume est exprimé par un nombre égal au côté du cube multiplié trois fois par lui-même. *On obtient donc le volume d'un cube en multipliant le côté trois fois par lui-même.*

3. VOLUME D'UN CORPS DE FORME RECTANGULAIRE. Dans le cube, les trois dimensions, longueur, largeur, hauteur, sont égales. Si les trois dimensions sont inégales, ou au moins deux d'entre elles, les faces cessent d'être des carrés et deviennent des rectangles. Le volume est dit alors de forme *rectangulaire. On trouve le volume d'un corps de forme rectangulaire en multipliant les trois dimensions entre elles.*

Supposons, en effet, un corps de cette forme reposant sur une face rectangulaire, d'une longueur de 7 unités, sur une largeur de 3, et s'élevant de 5 unités. Pour savoir combien la face sur laquelle le corps repose contient de carrés, ayant l'unité de longueur pour côté, il faut, nous l'avons déjà vu, multiplier la longueur par la largeur de cette face; ce qui donne 7 × 3 ou 21 carrés. Maintenant sur chacun de ces carrés on peut élever une pile de 5 cubes ayant l'unité pour côté, puisque le corps a une hauteur de 5. Le nombre total de cubes, égaux à l'unité de volume, est donc de 21 × 5 ou bien 7 × 3 × 5.

4. MÈTRE CUBE. *L'unité de volume est le mètre*

cube, c'est-à-dire un cube qui a un mètre de côté.

C'est une mesure fictive à laquelle se comparent les volumes des corps par des procédés géométriques, comme nous l'avons établi pour les corps de forme cubique et de forme rectangulaire.

Le décimètre cube est un cube qui a un décimètre de côté.

Le centimètre cube est un cube qui a un centimètre de côté.

Le millimètre cube est un cube qui a un millimètre de côté.

Le mètre cube vaut 1000 décimètres cubes. En effet, son côté étant 10 fois plus grand, son volume doit être $10 \times 10 \times 10$ ou 1000 fois plus grand, comme on l'a établi au paragraphe 2.

De même le décimètre cube vaut 1000 centimètres cubes, puisque son côté est 10 fois plus grand.

Enfin le centimètre cube vaut 1000 millimètres cubes, puisque son côté est 10 fois plus grand.

Le décimètre cube est la millième partie du mètre cube; le centimètre cube est la millionième partie du mètre cube.

5. Lecture et écriture d'un volume exprimé en mètres cubes. Puisque le décimètre cube est contenu 1000 fois dans le mètre cube, on représente les décimètres cubes avec des millièmes, c'est-à-dire avec 3 décimales.

Les centimètres cubes à leur tour sont représentés par des millionièmes, puisqu'il en faut 1000×1000 ou 1000000 pour faire le mètre cube; 6 décimales sont donc nécessaires pour les désigner.

Enfin, pour représenter des millimètres cubes, il faudrait 9 décimales.

Soit le nombre $0^{mc},357$[1]. Les 3 décimales représentent 357 millièmes de l'unité ; mais le millième du mètre cube est le décimètre cube. Ce nombre se lit donc 357 décimètres cubes.

Dans le nombre $1^{mc},000048$, la partie décimale exprime des millionièmes ; et comme le millionième du mètre cube est le centimètre cube, ce nombre se lit : 1 mètre cube et 48 centimètres cubes.

La lecture est donc sans difficulté quand le nombre de décimales est 3, 6 ou 9. *Avec 3 décimales, on a des centimètres cubes ; avec 6, on a des centimètres cubes ; avec 9, on a des millimètres cubes.*

Si le nombre des décimales n'est pas 3, 6 *ou* 9, *on écrit des zéros à la droite de la partie décimale pour compléter le nombre voulu.* Au lieu d'écrire ces zéros, on se borne d'ordinaire à les sous-entendre.

Le nombre $0^{mc},0045$ vaut $0^{mc},004500$, et se lit 4500 centimètres cubes.

Si l'on veut énoncer séparément les décimètres cubes, les centimètres cubes, etc., on remarquera que *les trois premiers chiffres à droite de la virgule représentent des décimètres cubes ; les trois suivants des centimètres cubes ; les trois suivants des millimètres cubes.*

Ainsi le nombre $0^{mc},425\,012\,008$ se lit 425 décimètres cubes, 12 centimètres cubes, 8 millimètres cubes.

L'écriture d'un volume énoncé exige 3 *décimales s'il s'agit de décimètres cubes*, 6 *s'il s'agit de centimètres cubes, etc. Si le nombre lui-même ne fournit pas assez de décimales, on le fait précéder de zéros en nombre convenable.*

1. L'indice du mètre cube est ^{mc}. Ainsi 4^{mc} se lit 4 mètres cubes.

Soit à écrire 1 mètre cube et 114 décimètres cubes. Puisqu'il s'agit de décimètres cubes, il faut trois décimales, qui sont précisément fournies par le nombre lui-même. On écrit donc : $1^{mc},114$.

Soit à écrire 2 mètres cubes et 68 centimètres cubes. Il faut six décimales, et comme le nombre n'en fournit que deux, on fait précéder ce nombre de quatre zéros. On a ainsi : $2^{mc},000\ 068$.

Soit enfin 24 décimètres cubes. Trois décimales sont nécessaires ; le nombre en fournit deux ; il faut encore un zéro : $0^{mc},024$.

Parfois le nombre est énoncé en plusieurs parties, comme dans cet exemple : écrire 4 décimètres cubes 73 centimètres cubes. La dernière espèce d'unité indique qu'il faut 6 décimales, 3 pour les décimètres cubes et 3 pour les centimètres cubes. Les décimètres cubes ne fournissant qu'un chiffre, on fait précéder ce chiffre de deux zéros; les centimètres cubes ne fournissant que deux chiffres, on fait précéder ces deux chiffres d'un zéro. On a ainsi :

$$0^{mc},004\ 073.$$

Les trois premiers chiffres après la virgule appartiennent aux décimètres cubes, les trois suivants aux centimètres cubes, les trois suivants aux millimètres cubes. Si l'un de ces ordres de mesure manque en entier, on le remplace par trois zéros ; s'il ne contient que des unités ou bien des unités et des dizaines, on met deux zéros à la place des dizaines et des centaines absentes, ou bien un zéro à la place des centaines absentes.

6. **Usages du mètre cube.** Le mètre cube sert à évaluer les bois de construction, les travaux de maçonnerie et de terrassement, les déblais et remblais pour

les routes, le volume des terres enlevées pour creuser un fossé, la contenance d'un bassin, l'étendue d'un appartement, d'un grenier, le volume de l'air nécessaire à la respiration, etc., etc. Deux exemples vont fixer nos idées à ce sujet.

7. PROBLÈMES. *Un soliveau a 2m,48 de longueur, 0m,21 de largeur et 0m,08 d'épaisseur. Trouver son volume.*

Il faut multiplier la longueur par la largeur et le produit par l'épaisseur.

```
       2,4 8   longueur.
       0,2 1   largeur.
      ------
       2 4 8
     4 9 6
    --------
    0,5 2 0 8
        0,0 8  épaisseur.
   ----------
 0mc,0 4 1 6 6 4
```

Le produit contient 6 décimales, parce qu'il y en a ce nombre dans les trois facteurs réunis. Il exprime des mètres cubes. Comme il y a 6 décimales, ce nombre se lit donc 41664 centimètres cubes, ou bien 41 décimètres cubes et 664 centimètres cubes.

Un appartement a 7m,3 de hauteur, 5m,2 de largeur et 6m de hauteur. Quel est le volume de l'air qu'il renferme? — En multipliant la longueur par la largeur, et le produit par la hauteur, on a :

```
        7,3   longueur.
        5,2   largeur.
      -----
      1 4 6
    3 6 5
    -------
    3 7,9 6
          6   hauteur.
   --------
 2 2 7mc,7 6
```

L'appartement contient donc 227 mètres cubes et 760 décimètres cubes d'air.

8. STÈRE. Le bois de chauffage se vend tantôt au volume, tantôt au poids. *L'unité de volume pour le bois de chauffage est le mètre cube, qui prend alors le nom de stère.*

Si les bûches ont un mètre de long et qu'on les em-

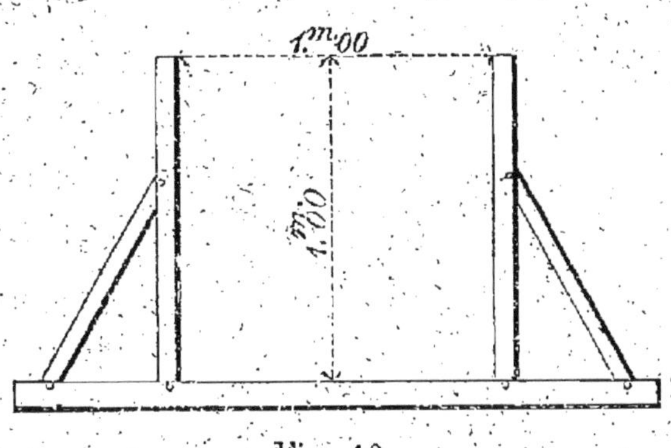

Fig. 10.

pile entre deux montants en bois distants l'un de l'autre d'un mètre et hauts d'un mètre (fig. 10), le tas forme un cube d'un mètre de côté, c'est-à-dire un stère.

Le stère n'a qu'un multiple employé : le *décastère* ou 10 stères; et qu'un sous-multiple, le *décistère* ou dixième de stère.

Si le bois est régulièrement disposé en un tas de forme rectangulaire, on fait le produit des trois dimensions du tas pour avoir le nombre de mètres cubes ou de stères.

Questionnaire.

1. Qu'appelle-t-on volume d'un corps ? — Qu'est-ce que mesurer le volume d'un corps ? — Qu'est-ce que le cube ?

— 2. Démontrez que si le côté d'un cube vaut 10 fois le côté d'un autre cube, le volume du premier vaut 1000 fois le volume du second. — Comment obtient-on le volume d'un cube? — 3. Comment se calcule le volume d'un corps de forme rectangulaire? — 4. Qu'est-ce que le mètre cube? — Combien vaut-il de décimètres cubes, de centimètres cubes? — 5. Combien faut-il de décimales pour exprimer des décimètres cubes, des centimètres cubes? — 6. Quels sont les usages du mètre cube? — 7. Donnez des exemples. — 8. Qu'est-ce que le stère? — Quels sont les multiples et les sous-multiples employés?

Exercices.

Lire les nombres suivants :

348. 3^{mc},024.
0^{mc},006482.
2^{mc},08.
1^{mc},07.

349. 5^{mc},004.
2^{mc},69.
1^{mc},00456.
4^{mc},79.

Écrire en chiffres les nombres suivants :

350. Cinq mètres cubes vingt-sept décimètres cubes.
Deux cent soixante-un décimètres cubes.
Quarante-sept centimètres cubes.
Quatre mille vingt-huit centimètres cubes.

351. Quatre mille deux cent sept décimètres cubes.
Neuf mille cent douze centimètres cubes.
Sept cents centimètres cubes.
Quarante-sept centimètres cubes.

Problèmes sur le mètre cube et le stère.

352. Quel est le volume d'une poutre de 7^m,8 de longueur, 0^m,28 d'épaisseur et 0^m,28 de largeur?

353. Quelle est en mètres cubes la contenance d'un bassin de 11^m,7 de longueur, 8^m,9 de largeur et 3^m,5 de profondeur?

354. Déterminer le volume d'une pierre de taille de 1^m,47 de longueur, 0^m,62 de largeur et 0^m,57 d'épaisseur.

355. Un mur a 23^m,5 de longueur, 4^m,8 de hauteur, 0^m,75 d'épaisseur. Quel est le volume de la maçonnerie?

356. On creuse un fossé de 46^m de longueur sur $2^m,3$ de largeur, et $1^m,2$ de profondeur. Pour transporter les déblais, on se sert d'un tombereau dont la caisse a $2^m,3$ de longueur sur 1^m de largeur, et $0^m,8$ de profondeur. Combien de voyages devra-t-on faire ?

357. Un tas de bois de chauffage régulièrement disposé a $5^m,6$ dans un sens, $4^m,7$ dans l'autre, et $3^m,8$ de hauteur. Combien contient-il de stères ?

358. Calculer le volume d'air d'une salle de $10^m,7$ de longueur sur $6^m,5$ de largeur et 6^m de hauteur.

359. Pour les besoins seuls de la respiration, il ne faut pas moins de 6^{mc} d'air par heure et par personne. Un dortoir est occupé pendant 8 heures de la nuit. Il a $35^m,7$ de longueur, $10^m,6$ de largeur, $8^m,3$ de hauteur. Pour combien de personnes y a-t-il place ?

360. Une coupe de bois dans une forêt a fourni 23 tas de $10^m,5$ de longueur, de $6^m,4$ de largeur et autant de hauteur. A combien de stères s'élève cette coupe ?

CHAPITRE IV

Le litre

1. LE LITRE. Pour mesurer les liquides (eau, huile, vin, etc.), les grains (froment, avoine, pois, lentilles, etc.), les matières pulvérulentes (cendres, plâtre, farine, etc.), on se sert de mesures dites *mesures de capacité*.

L'unité des mesures de capacité est le litre. Le litre est la capacité d'un décimètre cube.

Imaginons une boîte de forme cubique ayant à l'intérieur 1 décimètre suivant chacune de ces trois dimensions. La quantité d'eau nécessaire pour remplir cette boîte constitue un litre d'eau ; la quantité de froment nécessaire pour remplir cette boîte constitue un litre de froment.

La mesure dont on se sert réellement n'a pas la forme cubique, d'un maniement difficile ; elle a la forme ronde, la forme d'un cylindre. Mais, sous cette forme cylindrique, la mesure usuelle contient exactement ce que contiendrait la boîte cubique.

2. MULTIPLES ET SOUS-MULTIPLES DU LITRE. Les multiples du litre sont le *décalitre*, qui vaut 10 litres, et l'*hectolitre*, qui vaut cent litres.

Les sous-multiples sont le *décilitre*, ou dixième partie du litre, et le *centilitre*, ou centième partie du litre.

3. MESURES RÉELLES DE CAPACITÉ. Elles sont au nombre de 13, contenant 1 fois, deux fois, 5 fois l'unité principale, le déca, l'hecto, le déci, le centi, ainsi qu'il a été exposé autre part. Ce sont, pour les mesures supérieures au litre :

Le litre.	1 litre.
Le double litre	2 litres.
Le demi-décalitre	5 litres.
Le décalitre	1 fois 10 litres ou 10 litres.
Le double décalitre .	2 fois 10 litres ou 20 litres.
Le demi-hectolitre. .	5 fois 10 litres ou 50 litres.
L'hectolitre.	100 litres.

Pour les mesures moindres que le litre, ce sont :

Le demi-litre	5 décilitres.
Le double décilitre	2 décilitres.
Le décilitre.	1 décilitre.
Le demi-décilitre	5 centilitres.
Le double centilitre.	2 centilitres.
Le centilitre	1 centilitre.

Fig. 11.

A partir du demi-décalitre jusqu'à l'hectolitre, les mesures pour les liquides sont des cylindres en cuivre étamé ou en tôle. A partir du double litre jusqu'au centilitre, les mesures sont en étain (fig. 11), ou bien en fer-blanc, mais seulement pour le lait et l'huile (fig. 12).

Les mesures pour les grains et les matières pulvérulentes sont généralement en bois (fig. 13).

4. RAPPORT ENTRE LE LITRE ET LE MÈTRE CUBE. Le litre est la capacité d'un décimètre cube. Mais le mètre cube vaut 1000 décimètres cubes. *Le volume d'un mètre cube équivaut donc à* 1000 *litres.* Par conséquent, lorsqu'on sait en mètres cubes une capacité, un volume, une contenance, il suffit de multiplier le nombre par 1000 pour le convertir en litres.

Le problème suivant est un exemple de cette opération.

Fig. 12.

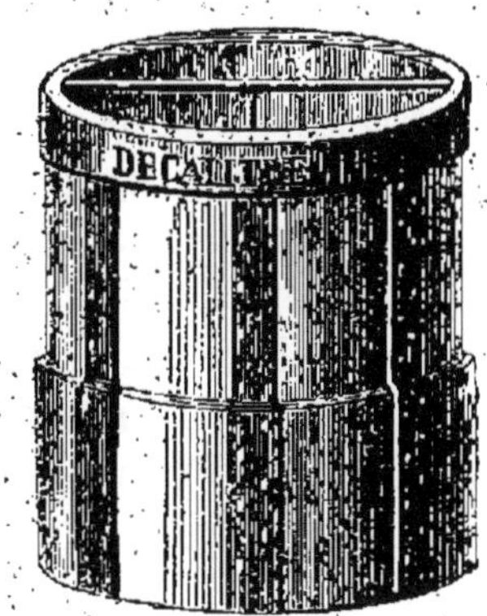

Fig. 13.

5. PROBLÈME. *Une cuve a* 2m,6 *de longueur sur* 1m3 *de largeur et* 0m,9 *de profondeur. Quelle est sa*

contenance en litres ? — Trouvons d'abord la contenance en mètres cubes, ce qui se fait en multipliant les trois dimensions entre elles :

```
      2,6  longueur.
      1,3  largeur.
     ----
      7 8
     2 6
     ----
     3,3 8
      0,9  profondeur.
   ------
3mc,0 4 2
```

La contenance est de 3^{mc},042. A chaque mètre cube correspondent 1000 litres. On multiplie donc par 1000 le nombre obtenu, et l'on a 3 042 litres pour la contenance de la cuve.

Inversement : *pour traduire une contenance exprimée en litres en une autre exprimée en mètres cubes, il faut diviser le nombre de litres par* 1000.

Si, par exemple, un bassin contient 46 560 litres, sa contenance est de 46^{mc},560.

6. Rapports des sous-multiples du litre avec le centimètre cube. Puisque le litre vaut 1 décimètre cube, qui vaut lui-même 1000 centimètres cubes, le décilitre est égal à la dixième partie de 1000 ou bien à 100 centimètres cubes.

Le centilitre est égal à la centième partie de 1000 ou bien à 10 centimètres cubes.

Le millilitre est égal à la millième partie de 1000 ou bien à 1 centimètre cube.

Questionnaire.

1. Qu'est-ce que le litre? — 2. Quels sont ses multiples et ses sous-multiples ? — 3. Quelles sont les mesures réelles

de capacité ? — 4. Combien le mètre cube vaut-il de litres? — 5. Comment traduit-on en litres une capacité exprimée en mètres cubes ? — Comment traduit-on en mètres cubes une capacité exprimée en litres ? — 6. Combien de centimètres cubes valent le décilitre, le centilitre, le millilitre ?

Exercices.

Traduire en litres les nombres suivants de mètres cubes :

361.	$3^{mc},176$.	362.	$15^{mc},007$.
	$0^{mc},28$.		$0^{mc},45$.
	$0^{mc},09$.		$0^{mc},6$.
	$4^{mc},125$.		$0^{mc},3$.

Traduire en mètres cubes les nombres suivants de litres :

363.	$7\,456^{l}$.	364.	522^{l}.
	$5\,900^{l}$.		308^{l}.
	$18\,740^{l}$.		37^{l}.
	$29\,110^{l}$.		7^{l}.

L'indice du litre est l. Ainsi 14^{l} se lit 14 litres.

Problèmes sur le litre.

365. Une citerne a $4^{m},3$ de longueur, $3^{m},5$ de largeur, et l'eau y occupe 3^{m} de profondeur. Quelle est en litres la quantité d'eau ?

366. En une heure, une fontaine a rempli un bassin de $5^{m},6$ de longueur, $3^{m},7$ de largeur et $2^{m},3$ de profondeur. Combien de litres d'eau la fontaine donne-t-elle par minute ?

367. La capacité d'un flacon est de 165 centimètres cubes. Quelle est sa capacité rapportée au litre ?

368. En 1863, la France a cultivé en froment 6 915 000 hectares de terrain et a obtenu à la récolte 110 781 000 hectolitres de blé. Quel est le rendement par hectare ?

369. Quelle est en litres la contenance d'une boîte de forme cubique mesurant $0^{m},32$ centimètres suivant chacune de ses trois dimensions ?

370. Un bec d'éclairage consomme $138^{l},7$ de gaz par heure. Quel volume de gaz consommeront 260 becs en 5 heures ?

371. Quelle quantité de houille faudra-t-il pour obtenir ce volume de gaz, sachant que 100 kilogrammes de houille en donnent en moyenne 25 mètres cubes ?

372. En se formant à l'air libre, la vapeur occupe un volume 1695 fois plus grand que l'eau d'où elle provient. Combien de litres de vapeur doit former un mètre cube d'eau ?

CHAPITRE V

Le gramme

1. LE GRAMME. Les poids ont pour unité fondamentale le *gramme. C'est le poids d'un centimètre cube d'eau pure à la température de 4 degrés centigrades.*

Imaginons une petite boîte cubique ayant un centimètre suivant chacune de ses trois dimensions. Sa contenance sera celle d'un centimètre cube. Si on la remplit d'eau, le poids de cette eau seule, et non de l'eau et de la boîte ensemble, sera ce qu'on nomme le gramme. Mais il faut que cette eau remplisse certaines conditions. — L'eau de la mer renferme du sel et par conséquent est, à volume égal, plus lourde que celle qui n'en renferme pas. L'eau des rivières, des puits, des sources, contient aussi, suivant les terrains qu'elle lave, diverses matières en dissolution. Son poids est donc aussi variable. Pour obtenir le poids du gramme, qui doit être essentiellement invariable de valeur, on prend de l'eau qui ne renferme rien d'étranger à sa nature, de l'eau pure obtenue par la distillation. — Ce n'est pas encore assez. En s'échauffant, l'eau, comme tous les corps du reste, augmente de volume ou se dilate, et par conséquent devient plus légère pour un volume égal. En se refroidissant, elle diminue de volume ou se contracte, et, par suite, devient plus lourde à volume égal. Alors, suivant la température, le poids d'un centimètre cube d'eau varie. Pour parer à cette difficulté, on est convenu de prendre de l'eau à la température où sa contraction étant la plus forte, son poids, à égalité de volume, est le plus lourd possible. Cela a lieu à la température de 4 degrés centigrades.

L'indice du gramme est g. Ainsi 14g se lit 14 grammes.

2. Multiples et sous-multiples du gramme. Les multiples du gramme sont : le *décagramme*, qui vaut 10 grammes; l'*hectogramme*, qui vaut 100 grammes; le *kilogramme*, qui vaut 1000 grammes; le *myriagramme*, qui vaut 10000 grammes.

Les sous-multiples sont le *décigramme* ou dixième de gramme, le *centigramme* ou centième de gramme, le *milligramme* ou millième de gramme.

Le gramme et ses subdivisions servent pour les pesées des matières précieuses et les pesées scientifiques, qui exigent une grande précision. Mais, pour les usages ordinaires, le gramme est un poids trop petit; aussi l'unité réellement employée est le kilogramme.

3. Kilogramme. *Le kilogramme est le poids d'un litre d'eau pure.* En effet, le litre est la même chose qu'un décimètre cube, et le décimètre cube vaut 1000 centimètres cubes. Mais le gramme est le poids d'un centimètre cube d'eau. Le décimètre cube d'eau ou le litre d'eau pèse donc 1000 grammes ou bien 1 kilogramme.

Le kilogramme étant pris pour unité usuelle, l'hectogramme représente 1 dixième de cette unité, le décagramme 1 centième, et le gramme 1 millième. Alors le nombre 2kg,457 peut indifféremment se lire : 2 kilogrammes, 457 grammes; ou bien : 2 kilogrammes, 4 hectogrammes, 5 décagrammes, 7 grammes. La première lecture est plus usitée comme étant plus rapide.

4. QUINTAL MÉTRIQUE. TONNE OU TONNEAU DE MER. Au dessus du kilogramme, on a, pour les poids considérables, des unités plus fortes. C'est d'abord le *quintal métrique*, qui vaut 100 kilogrammes; c'est enfin la *tonne* ou *tonneau de mer*, qui vaut 1000 kilogrammes.

La tonne est le poids d'un mètre cube d'eau. En effet, un mètre cube se divise en 1000 décimètres cubes; et chaque décimètre cube d'eau ou litre d'eau pèse 1 kilogramme. Le mètre cube d'eau pèse donc 1000 kilogrammes, ou bien une tonne.

Résumons ainsi les principales unités de poids.

Le gramme est le poids d'un centimètre cube d'eau ou d'un millilitre d'eau.

Le kilogramme est le poids d'un décimètre cube d'eau ou d'un litre d'eau.

La tonne est le poids d'un mètre cube d'eau.

5. POIDS RÉELS. Le gramme et ses subdivisions forment les *petits poids*. Ce sont :

Le demi-gramme.	5 dg.
Le double décigramme.	2 dg.
Le décigramme.	1 dg.
Le demi-décigramme	5 cg.
Le double centigramme. . . .	2 cg.
Le centigramme	1 cg.
Le demi-centigramme.	5 mg.
Le double milligramme.	2 mg.
Le milligramme	1 mg.

Fig. 14.

Les petits poids sont en laiton, en argent, en platine. On leur donne généralement la forme d'une petite lame (fig. 14).

Les *poids moyens* comprennent :

Le gramme	1 g.
Le double gramme	2 g.
Le demi-décagramme.	5 g.
Le décagramme	1 fois 10 g.
Le double décagramme .	2 fois 10 g ou 20 g.
Le demi-hectogramme . .	5 fois 10 g ou 50 g.
L'hectogramme.	1 fois 100 g.
Le double hectogramme.	2 fois 100 g ou 200 g.
Le demi-kilogramme . . .	5 fois 100 g ou 500 g.

Fig. 15.

Fig. 16.

Les poids moyens sont en laiton. Ils sont, en général, cylindriques et terminés par un bouton qui sert à les saisir (fig. 15). On leur donne aussi la forme de godets coniques qui s'emboîtent l'un dans l'autre (fig. 16).

Les *gros poids* comprennent :

1 kilogramme.
2 kilogrammes.
5 kilogrammes.
10 kilogrammes.
20 kilogrammes.
50 kilogrammes.

Les gros poids sont en fonte, avec un anneau pour les saisir (fig. 17 et 18). Les plus faibles peuvent être en laiton (fig. 19).

6. SÉRIE USUELLE DES POIDS. Proposons-nous de faire des pesées depuis 1 kilogramme jusqu'à 9 au moyen des trois poids légaux, qui sont : 1kg, 2kg, 5kg.

Pour la pesée d'un kilogramme, nous mettrons dans la balance le poids 1kg.

Fig. 17.

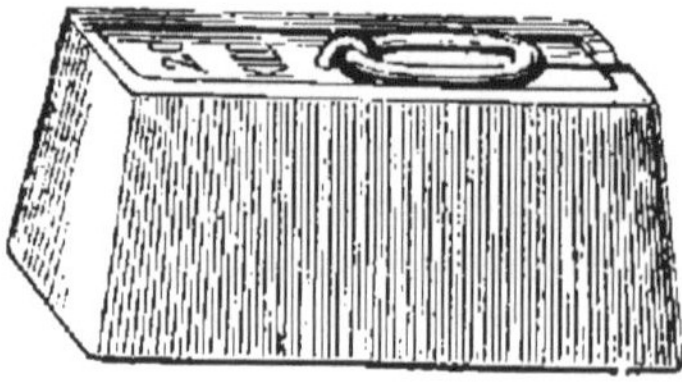

Fig. 18.

Pour la pesée de deux kilogrammes, nous mettrons le poids 2kg.

Pour la pesée de trois kilogrammes, nous mettrons les poids 2kg et 1kg.

Fig. 19.

La pesée de quatre kilogrammes ne pourrait se faire si l'un des deux poids 1kg et 2kg, indifféremment, n'était répété deux fois dans la série. Ordinairement, c'est le poids 1kg qui se trouve représenté deux fois. Alors, pour faire quatre kilogrammes, on met dans la balance 2kg, 1kg et 1kg.

La pesée de cinq kilogrammes se fait avec le poids 5kg.

La pesée de six se fait avec les poids 5kg et 1kg.

La pesée de sept se fait avec les poids 5kg et 2kg.

La pesée de huit, avec les poids 5kg, 2kg et 1kg.

La pesée de neuf, comme celle de quatre, exige deux fois soit le poids de 2kg, soit de 1kg. On met donc dans la balance 5kg, 2kg, 1kg et 1kg.

Il faut de même, pour pouvoir faire toutes les pesées, deux fois le décagramme, deux fois l'hectogramme, deux fois le kilogramme, deux fois le poids de 10 kilogrammes.

Pour des raisons semblables, la série des petits poids comprend deux fois le gramme, deux fois le décigramme, deux fois le centigramme, deux fois le milligramme.

Soit à faire le poids de 49 kilogrammes. On mettra dans la balance le poids de 20^{kg}, deux fois le poids de 10^{kg}, le poids de 5^{kg}, le poids de 2^{kg} et deux fois le poids de 1^{kg}.

Questionnaire.

1. Qu'est ce que le gramme? — Pourquoi faut il que l'eau soit pure? — Pourquoi faut-il que sa température soit de 4 degrés? — 2. Quels sont les multiples et les sous-multiples du gramme? — 3. Qu'est-ce que le kilogramme? — 4. Qu'est ce que le quintal métrique? — Qu'est ce que la tonne? — 5. Quels sont les poids réels? — 6. De quoi se compose la série usuelle des poids?

Exercices.

Quels poids mettra-t-on dans la balance pour faire les pesées suivantes?

373.	17^{kg}	375.	$7^{kg},249$
	29^{kg}		$11^{kg},029$
	53^{kg}		$3^{kg},999$
	38^{kg}		$9^{kg},444$
374.	149^{gr}	376.	$0^{kg},981$
	276^{gr}		$0^{kg},959$
	523^{gr}		$1^{kg},097$
	799^{gr}		$0^{kg},788$

Problèmes sur les poids.

377. Quel est le poids de $3^{l},425$ d'eau pure?

378. Quel est le poids de 163 centimètres cubes d'eau pure, — de 13 décimètres cubes, — de 14 millilitres, — de 3 mètres cubes et 17 décimètres cubes, — de 15 centi-

litres et 7 millilitres, — de 1 litre et 9 centilitres, — de 18 centimètres cubes et 197 millimètres cubes ?

379. Quel est le volume de 124^{kg} d'eau pure, — de $12^{gr},67$, — de $0^{gr},624$, — de 14 tonnes, — de $12^{kg},621$, — de $0^{gr},17$, — de $0^{kg},095$?

380. Un flacon plein d'eau pure pèse $285^{gr},164$; vide, il pèse $67^{gr},287$. Quelle est sa capacité ?

381. Quel est le poids d'un mètre cube d'air atmosphérique, sachant que le poids de l'air est de $1^{g},29$ par litre ?

382. Un litre de sable pèse $1^{kg},928$. Que pèsent 168 mètres cubes du même sable ?

383. Quel est le poids de l'air contenu dans une salle dont les trois dimensions sont : $8^{m},7$, — $7^{m},9$ et $6^{m},4$.

CHAPITRE VI

Le Franc

1. LE FRANC. *L'unité des valeurs est le franc. C'est une pièce de monnaie du poids de 5 grammes, composée d'argent et de cuivre.*

Le franc n'a pas de multiples. Il a un sous-multiple, le *centime* ou centième de franc.

Le franc se rattache au mètre, en ce sens qu'il pèse 5 grammes, et que le gramme dérive du mètre, puisque c'est le poids d'un centimètre cube d'eau pure.

2. MONNAIES. Les monnaies en usage sont en or, en argent ou en bronze. Les monnaies d'or sont au nombre de cinq, savoir :

OR.

	Poids.	Diamètre.
La pièce de 100 francs. . . .	$32^{gr},258$	$0^{m},035$
— 50 francs. . . .	16 ,129	0 ,028

		Poids.	Diamètre.
La pièce de	20 francs. . . .	6^{m},452	0^{m},021
—	10 francs. . . .	3 ,226	0 ,019
—	5 francs. . . .	1 ,613	0 ,017

Les pièces en or sont composées de 0,9 de leur poids d'or pur et de 0,1 de cuivre. L'introduction du cuivre a pour objet de rendre le métal plus dur et plus difficile à s'user par le frottement. La proportion du métal précieux est ce qu'on appelle le *titre* du métal monétaire. Cette proportion étant 0,9 ou 0,900, on dit que le titre des monnaies d'or est de 900 millièmes, c'est-à-dire que ces monnaies contiennent les 900 millièmes de leur poids d'or pur.

Les monnaies d'argent sont au nombre de cinq, savoir :

ARGENT.

		Poids.	Diamètre.
La pièce de	5 francs. . . .	25^{gr}	0^{m},037
—	2 francs.	10	0 ,027
—	1 franc	5	0 ,023
—	50 centimes . . .	2 ,5	0 ,018
—	20 centimes. . .	1	0 ,016

Les pièces d'argent renferment une certaine proportion de cuivre qui donne au métal plus de résistance au frottement. La pièce de 5 francs contient 100 millièmes de son poids de cuivre et 900 millièmes d'argent pur. Son titre est donc 0,900. Pour les pièces divisionnaires, c'est-à-dire pour les pièces de 2 francs, 1 franc, 50 centimes et 20 centimes, la proportion de cuivre est plus forte. Elle est égale à 165 millièmes. Le titre des pièces divisionnaires, ou la proportion d'argent pur, est donc 0,835.

Les monnaies de bronze sont au nombre de quatre, savoir :

BRONZE.

	Poids.	Diamètre.
La pièce de 10 centimes . .	10gr	0m,030
— 5 centimes . .	5	0 ,025
— 2 centimes . .	2	0 ,020
— 1 centime. . .	1	0 ,015

Les pièces de bronze sont composées de 95 centièmes de leur poids de cuivre, de 4 centièmes d'étain et de 1 centième de zinc.

3. Rapports des diverses mesures avec le mètre. Les diverses mesures dont se compose le système métrique dérivent de l'unité fondamentale, le mètre, ainsi que nous l'avons établi dans l'étude spéciale de chaque mesure. Nous allons résumer ici ces relations.

Le *mètre carré* dérive du mètre, puisque c'est la superficie d'un carré dont le côté mesure 1 mètre de longueur.

L'*arc* dérive du mètre, puisque c'est la superficie d'un carré dont le côté mesure 10 mètres de longueur.

Le *mètre cube* dérive du mètre, puisque c'est le volume d'un cube dont l'arête a 1 mètre de longueur.

Le *litre* dérive du mètre, puisque c'est la capacité d'un cube de 1 décimètre d'arête.

Le *stère* dérive du mètre, puisqu'il est la même chose que le mètre cube.

Le *gramme* dérive du mètre, puisqu'il représente le poids de l'eau pure contenue dans un cube de 1 centimètre d'arête.

Le *franc* dérive du mètre, puisqu'il pèse 5 grammes et que le gramme lui-même dérive du mètre.

Questionnaire.

1. Qu'est-ce que le franc? — Quel est son sous-multiple ? — Comment le franc dérive-t-il du mètre? — 2. Quelles

sont les monnaies d'or ? — Quel est leur titre ? — Quelles sont les monnaies d'argent ? — Quel est leur titre ? — Quelles sont les monnaies de bronze ? — Expliquez comment les diverses mesures dérivent du mètre ?

Problèmes sur les monnaies.

384. Quel est le poids de 5000^{fr} en argent ?

385. Que pèsent 1000^{fr} en or ?

386. Que pèsent 7^{fr},50 en bronze ?

387. Un sac contenant une somme en argent pèse 6^{kg},147. Le sac seul pèse 62^{g}. Quelle somme contient le sac ?

388. Un rouleau de pièces en or pèse 200^{g},012, l'enveloppe non comprise. Quelle est la valeur du rouleau ?

389. Faute de poids, on met dans la balance pour équilibrer un corps 12 pièces de 5 francs en argent, 7 pièces de 2^{fr}, 3 pièces de 1^{f} et 5 pièces de 20 centimes. Que pèse ce corps ?

390. Quelle somme en argent monnayé faudra-t-il pour faire équilibre dans la balance au poids de 1 litre d'eau

391. Quelle somme en bronze faudra-t-il pour équilibrer dans la balance un poids de 267^{g} ?

392. Faute d'un mètre, on a mesuré la longueur d'une règle avec des pièces de monnaie mises bout à bout. Il y a 7 pièces de 5^{f} en argent, 4 pièces de 2^{f}, 1 pièce de 5^{f} en or, 9 pièces de 10 centimes et 1 pièce de 1 centime. Quelle est la longueur de la règle ?

393. Un enfant de 12 ans peut soulever des deux mains un poids de 33^{kg}. Quelle somme pourrait-il soulever : 1° en or ; 2° en argent ; 3° en bronze.

394. La charge d'un cheval de bât est de 150^{kg} environ. Combien faudra-t-il de chevaux pour porter un million en monnaie d'argent ?

395. Combien en faudrait-il pour porter la même somme en bronze ?

396. Combien en faudrait-il pour porter un milliard en or ?

Problèmes de récapitulation sur le système métrique.

397. A 0^{f},24 le litre, que valent 3^{hl},65 de vin ?

398. Une pièce d'étoffe se vend 12^{f},15 le mètre. Combien de mètres d'étoffe aura-t-on pour 50 francs ?

399. Le prix de l'hectolitre de froment est de 21 francs. Quel est le prix de 56 décalitres ?

400. Le Niagara, fleuve de l'Amérique du Nord, donne 9000000 de mètres cubes d'eau par heure. Combien donne-t-il d'hectolitres par seconde ?

401. Combien pèse une somme composée de 2000 francs en or, 1854f,50 en argent et 0f,75 en bronze ?

402. Un terrain d'une étendue de 6 hectares 23 ares 16 centiares est divisé en quatre parties égales. Quelle est la surface d'une partie ?

403. Un terrain pour bâtir de 17m,8 de longueur sur 8m,5 de largeur, est acheté à raison de 23f,60 le mètre carré. Que coûte ce terrain ?

404. Les frais d'un hectare en vignes s'élèvent en tout à 633f,80. La récolte en vin est de 21hl,63. Quel est le prix de revient de l'hectolitre ?

405. Si le vin de cette récolte est vendu 0f,35 le litre, quel bénéfice réalisera-t-on ?

406. Un mulet coûte par an 366f,28 d'entretien. Il donne 262 jours de travail et produit pour 50f,88 d'engrais. A combien revient sa journée de travail ?

407. On sait que le Gange, dans l'Inde, jette chaque année à la mer une masse de limon pesant 356 millions de tonnes. Combien faudrait-il de navires, chargés chacun de 1400 tonnes de limon pour équivaloir à la puissance de transport du fleuve indien ?

408. Quel volume représente cette masse de limon si son poids est de 1450 kilogrammes par mètre cube ?

409. Un cultivateur a retiré 1260 francs de la vente de ses pommes de terre. L'hectolitre de ce tubercule pèse 80 kilogrammes et s'est vendu 7 francs. Combien d'hectolitres et combien de kilogrammes de pommes de terre ce cultivateur a-t-il vendus ?

410. Le chauffage d'une usine consomme par jour 14hl,25 de coke qui coûte 2f,30 l'hectolitre. Quelle est la dépense pour 15 jours ?

411. Un bassin a 5m,06 de longueur, 4m,03 de largeur et 2m,07 de profondeur. Lorsqu'il est plein d'eau, on ouvre un robinet qui le laisse vider en 2h,48m. Combien le robinet laisse-t-il couler de litres d'eau par minute ?

412. Un paquet de fil de fer pèse 3kg,245. Pour faire le poids de 1 décagramme il faut 0m,453 de fil. Quelle est la longueur du fil contenu dans le paquet ?

413. Les grandes roues ou roues motrices d'une locomotive à voyageurs ont $6^{m},59$ de contour. Combien de tours font-elles par kilomètre parcouru?

414. Il faut deux coups de piston de la machine, l'un en avant, l'autre en arrière, pour leur faire exécuter un tour. Combien de coups de piston, tant pour la roue de droite que pour la roue de gauche, la machine a-t-elle donnés pour un parcours de 25 kilomètres?

415. Un ouvrier de bonne force peut par jour dépiquer au fléau $2^{hl},40$ de blé. Le prix de la journée étant de $2^{f},50$, à combien revient le dépiquage d'un hectolitre?

416. Dix oies grasses ont fourni 27 kilogrammes de graisse à $2^{f},60$ le kilogramme, 27^{kg} de viande à $1^{f},30$ le kilogramme, 10 foies à $1^{f},25$ la pièce, abatis, $0^{f},30$ par tête, plumes 1 franc par tête.

Elles ont coûté d'achat $4^{f},50$ l'une, et leur engraissement a exigé par tête 40 litres de maïs, qui vaut 12 francs l'hectolitre Quelle est la rémunération des soins de la ménagère?

417. On découpe un fil de fer de 100 mètres de longueur en tronçons de $0^{m},035$ propres à faire des pointes. Combien de douzaines de pointes obtiendra-t-on?

418. Un piéton fait 1 kilomètre en 10 minutes. S'il marchait 8 heures tous les jours, quel temps mettrait-il pour parcourir une longueur équivalant au tour de la terre?

419. Un hectare de bon terrain produit 150 hectolitres de pommes de terre. Quelle étendue de terrain faudrait-il ensemencer pour récolter 800 doubles décalitres?

420. On veut tapisser les quatre murs d'un appartement carré ayant $3^{m},80$ de hauteur et $4^{m},55$ de largeur. On emploie des rouleaux de tapisserie ayant 8 mètres de longueur et $0^{m},48$ de largeur. Combien faudra-t-il de ces rouleaux?

421. Combien de plaques de marbre de $0^{m},045$ d'épaisseur peut-on retirer d'un bloc épais de $0^{m},68$?

422. Que vaut une charretée de bois de 1345 kilogrammes à $7^{f},35$ le quintal métrique?

423. Une pièce de drap a 28 mètres de longueur. On en vend 5 mètres à 12 francs, 8^{m} à 11^{f}, et le reste à $10^{f},65$. On gagne ainsi $74^{f},15$ sur le prix d'achat. Combien coûtait le mètre?

424. Une personne doit 630 francs. Combien doit-elle vendre d'hectolitres de blé à $21^{f},65$ l'hectolitre pour pouvoir payer cette dette?

425. Quel temps faut-il au son pour nous parvenir de la

distance d'une lieue métrique, sachant qu'il parcourt 340 mètres par seconde ?

426. Un volume de 434 feuillets mesure en épaisseur 33 millimètres. Calculer l'épaisseur d'un feuillet.

427. Quelle doit être l'épaisseur d'une rame de papier pareil, la rame comprenant 20 mains et la main 25 feuilles ?

428. Le tunnel ou souterrain de la Nerthe, entre Avignon et Marseille sur la ligne du chemin de fer de Lyon à la Méditerranée, a 4620 mètres de longueur et a coûté 10 millions de francs. A combien revient le mètre de ce tunnel ?

429. Plein d'eau pure, un vase pèse $17^{kg},628$. Vide, il pèse $4^{kg},660$. Quelle est sa capacité en centimètres cubes ?

430. Combien de ceps de vigne entre-t-il dans un terrain de 12 hectares, 12 ares, 16 centiares si chaque cep occupe une superficie de $2^{mq},16$?

431. Une pièce de vin coûte 72 francs En la revendant au détail $0^{f},25$ le litre, on fait un bénéfice de $15^{f},65$. Combien la pièce contenait-elle de litres ?

FIN.

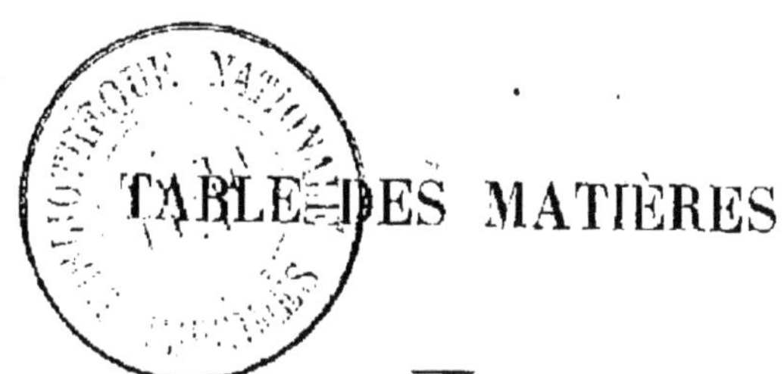

TABLE DES MATIÈRES

FIN DE LA TABLE

901. — Abbeville Imprimerie Briez, C. Paillart et Retaux.

www.ingramcontent.com/pod-product-compliance
Ingram Content Group UK Ltd.
Pitfield, Milton Keynes, MK11 3LW, UK
UKHW021118220726
13924UKWH00004B/1779